JN056860

再生可能
エネルギー
概　　説

飛田春雄・編著

まえがき

　「再生可能エネルギー」という言葉は最近でこそ一般的だが，編者が初めてこの用語を知ったのは，新エネルギー財団「住宅用太陽光エネルギー導入促進基礎調査委員会」に委員長として参加した時代であり，ドイツの再生可能エネルギー法などを紹介した当時の通商産業省資料「諸外国における再生可能エネルギー政策」（2000年4月）による．さらにこの分野での活動のきっかけとしては，埼玉県板金工業組合調査事業での専門委員・技術士として，太陽光発電屋根の取組みを提言したことに始まる．

　本書の各テーマは，関連各誌に連載された当時の執筆者とのご縁，とくに小西博雄氏（太陽光発電），國分清氏（中小水力発電），和田一宏氏（地熱発電），小川貴裕氏（バイオマス発電），大竹秀明氏（気象予測）など，各研究領域，専門分野および業務に即して執筆いただいた2017年の連載が上梓の契機になっており，加えて，編者が分担執筆した連載の初回（連載の主旨），最終回（見学調査概報）が執筆の拠りどころにもなり，㈱建築技術に改めて感謝したい．

　また，上記の執筆者の他，今後の導入が期待される風力発電とくに洋上風力は導入後の維持管理技術が重要であり，実際に取り組んでいる狩野謙二氏に執筆に加わっていただいた．さらに，再生可能エネルギーの大量導入で系統制約などの問題があり，明治大学の川﨑章司先生に広く日本の電力系統について，バイオマス発電は普及講演活動にも活躍されている笹内謙一氏に熱利用の概要を，バイナリー発電は実務経験豊富な高橋賢一氏，山口友彦氏に分担執筆いただいた．

　一方，海外の例については編者がモンゴルのメガソーラについて調査報告した．さらに，2019年春まで福島県の洋上風力の実証研究事業を中心に，風力発電調査をした現状を編者の視点で補筆した．

　各章の内容は次の通りである．

　第1章では，再生可能エネルギーの概念と第5次エネルギー基本計画の概要，発電の固定価格買取制度（FIT）の導入状況や系統制約に直結する再生可能エネルギー大量導入の動向を論じた．

　第2章では，期待される新エネルギー源の発電分野を取り上げ，地熱発電についてはフラッシュ発電方式とバイナリー発電方式を紹介した．

　第3章では，電源の多様化，国内電力網の連系線の容量などの課題を始め，天候によって出力が変動する太陽光や風力発電の最適運用を目指す気象予測について解説した．

　第4章では，国内24施設およびモンゴルの太陽光発電所の調査結果，太陽光発電モジュール周辺金属材料について，さらに再生可能エネルギーの留意点と見学調査をまとめた．

　第5章では，電源構成比の推移と考察，2030年度の再生可能エネルギー源と全体の目標比率（22〜24％）の見通しについて展望した．

なお，再生可能エネルギー普及活動の一環としてこれまで編者らがとりまとめた再生可能エネルギー関連報告書を参考として下に示した.

　これらのうち(1)，(2)は具体的に太陽光の導入を目的とした調査事業の委員会として，(3)，(4)は太陽光導入促進基礎調査委員会として経済産業省資源エネルギー庁，埼玉県中小企業団体中央会に結果を報告している.　(5)，(7)は太陽光発電関係モジュールの架台の耐久性，耐食性の問題，及び適用金属材料について，(一社)日本鋼構造協会の機関誌(JSSC)や(株)建築技術の月刊「建築技術」に掲載し，本書でも参考とした.　(6)，(8)は分担執筆の連載で，(6)は台風時のモジュールの脱落飛散，架台の腐食などの状況を再度調査し，雷害対策含め太陽光発電の健全な普及に向けて触れている.　(8)は2012年7月からFITによる急激な再生可能エネルギー発電設備の導入が始まり，とくに導入が大規模太陽光発電に偏っていたため，中小水力発電始めその他の再生可能エネルギー発電施設への実態を調査し，2017年3月号から各執筆者と連携してその調査概要を連載したものである.

　本書から再生可能エネルギーの理解がいっそう深まり，着実な導入のガイダンスになれば幸いである.

2020年6月　飛田春雄

再生可能エネルギー普及活動の関連報告書

(1) 1996年「環境変化に対応した組合活動と新規事業のために」(埼玉県板金工業組合,1996.3)
(2) 1998年「活路開拓ビジョン実現化事業報告書」(埼玉県板金工業組合,1999.3)
(3) 1999年「住宅用太陽光エネルギー利用システムの市場形成に関する基礎調査─流通・施工関連」(新エネルギー財団,2000.3)
(4) 2000年「住宅用太陽光エネルギー利用システムの市場形成に関する基礎調査─住宅産業分野における流通・施工の実態と課題」(新エネルギー財団,2001.3)
(5) 2011年「太陽光発電とステンレス─その1・その2」(JSSC,2011.7,10　No.6,No.7)
(6) 2012年「建築技術者のための太陽光発電基礎講座(連載)」(建築技術,2012.2〜11)
(7) 2016年「太陽光発電のパネル周辺金属材料の種類と性能─その1・その2」(建築技術,2016.6,7)
(8) 2017年「再生可能エネルギーの着実な普及に向けて(連載)」(建築技術,2017.3〜12)
((5)，(7)は自著)

著者紹介(執筆順)

飛田春雄(とびた・はるお) (第1章1.1, 1.2.1, 第4章, 第5章)
明治大学理工学部機械情報工学科客員研究員, 博士(工学), 技術士(金属部門).

川﨑章司(かわさき・しょうじ) (第1章1.2.2, 第3章3.1)
明治大学理工学部電気電子生命学科専任准教授, 博士(工学).

小西博雄(こにし・ひろお) (第2章2.1)
産業技術総合研究所福島再生可能エネルギー研究所(FREA)客員研究員, 博士(工学), 電気学会フェロー, JABEEフェロー.

狩野謙二(かりの・けんじ) (第2章2.2)
㈱関電工戦略技術開発本部戦略事業ユニット開発事業部O&Mチーム主任. ネットワークスペシャリスト, 情報セキュリティスペシャリスト.

國分 清(こくぶ・きよし) (第2章2.3)
田中水力㈱常務取締役技術本部長, 博士(工学).

和田一宏(わだ・かずひろ) (第2章2.4.1)
東芝エネルギーシステムズ㈱パワーシステム事業部パワーシステム技術・開発部地熱グループ エキスパート.

高橋賢一(たかはし・けんいち) (第2章2.4.2)
㈱IHI産業システム・汎用機械事業領域事業推進部バイナリーグループ主査, エネルギー管理士(熱分野).

山口友彦(やまぐち・ともひこ) (第2章2.4.3)
㈱IHI回転機械エンジニアリング汎用機統括センターバイナリー発電システムグループグループ長 部長.

小川貴裕(おがわ・たかひろ) (第2章2.5.1)
㈱日建設計総合研究所新領域部門主任研究員MBA, 技術士(建設部門), 認定都市プランナー(都市・地域経営).

笹内謙一(ささうち・けんいち) (第2章2.5.2)
元・中外炉工業㈱, 現・㈱PEO技術士事務所代表取締役, 技術士(総合技術監理・衛生工学部門), エネルギー管理士.

大竹秀明(おおたけ・ひであき) (第3章3.2)
産業技術総合研究所福島再生可能エネルギー研究所(FREA)主任研究員, 博士(地球環境科学), 気象予報士, 防災士.

目 次

第3章　日本の電力網と電力運用

第4章　再生可能エネルギー施設の見学調査概報

第5章　今後の展望

第1章

再生可能エネルギー
大量導入時代を迎えて

再生可能エネルギーは，2012年7月に施行された「再生可能エネルギー特別措置法」による「固定価格買取制度」(FIT) により，太陽光発電偏重とはいえ着実に普及している．一方，国民の負担が増す賦課金や系統制約など課題も内包しつつ，新しく「第5次エネルギー基本計画」[1)] が2018年7月に閣議決定されて再生可能エネルギーが「主力電源」と位置付けられた．

ここでは，第5次エネルギー基本計画の概要と再生可能エネルギーの現状について，第4次エネルギー基本計画下での再生可能エネルギー調査活動の報告など[2)] も含め，再生可能エネルギーの大量導入の動向についてもみていく．

「再生可能エネルギー」(Renewable Energy) という用語は，非化石エネルギー源の利用拡大と化石エネルギー原料の有効利用を目指す「エネルギー供給構造高度化法」(2009年7月) で用いられているが，この用語は総合エネルギー調査会新エネルギー部会資料 (2000年4月) などにもあり，ここで改めて再生可能エネルギーの定義とその概念を，経済産業省総合資源エネルギー調査会新エネルギー部会の配布資料など[2)]，[3)]から解説する．

再生可能エネルギーは，「エネルギー供給構造高度化法」の制定により次のように定義された(法律第2条第3号，第5条第1項第2号)．

①太陽光，風力その他非化石エネルギー源のうち，エネルギー源として永続的に利用することができると認められるもの．

②利用実効性があると認められるもの．

「新エネルギー」の用語は，すでに「サンシャイン計画」(1974年7月) から用いられている．このエネルギー源は，「新エネルギー利用等の促進に関する特別措置法」第2条により，現状では経済性の面で十分普及していないが，それを促進することでとくに非化石エネルギーの導入に必要なものと定義され，「太陽光発電」，「風力」，「水力」(1,000kW以下)，「地熱」(バイナリー方式)，「バイオマス」など10種類が指定されている．

図1.1は，再生可能エネルギーの概念と位置付けを示したもの．再生可能エネルギーはより概念が広く，新エネルギーや古くから開発が進む大規模水力発電と技術開発段階にある海洋エネルギーも含む[4)]．

なお，再生可能エネルギーの定義については，経済産業省資源エネルギー庁でも要約紹介されている[5)]．また，海洋エネルギーは日本も加入する「国際再生可能エネルギー機関」(IRENA = International Renewable Energy Agency) の再生可能エネルギーにも含まれており，1970年代より実用化が期待されている．

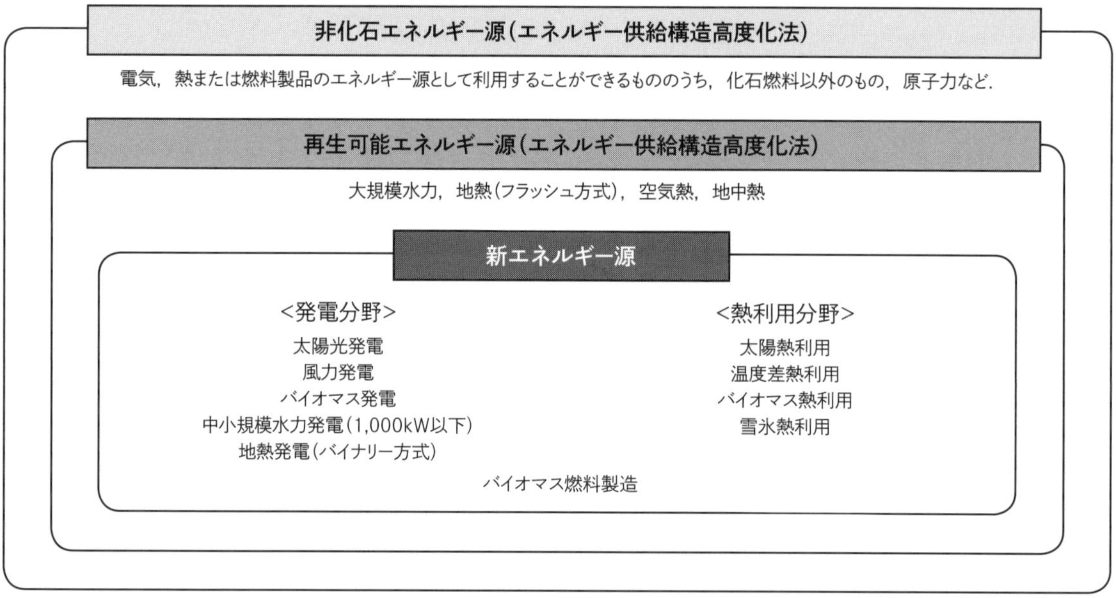

出典：総合資源エネルギー調査新エネルギー部会(第37回)配付資料など[7], [8]により作成

図1.1 再生可能エネルギーの概念(参考)[2]

1.1 第5次エネルギー基本計画

1.1.1 基本計画の概要

第5次エネルギー基本計画は第4次計画の基本方針を踏襲しているが，その最大の特徴は再生可能エネルギーを初めて「主力電源」と位置付けたことで，基本的には2015年7月に改訂された「長期エネルギー需給見通し」[6]に基づき，「安全性」(Safety)を前提として「エネルギーの安定供給」(Energy Security)を第一に，「経済効率性の向上」(Economic Efficiency)による低コストのエネルギー供給を実現し，同時に「環境への適合性」(Environment)をはかるために最大限取り組むことである．

また，この「3E＋S」をバランス良く実現し，2030年度の「エネルギーミックス」実現を目指すが，この長期見通しに示される3E＋Sのうち「3E」の具体的数値目標は，次の3点である．

①自給率は東日本大震災以前(約20％)を上回る水準(約25％程度)まで改善する．

②電力コストを現状より引き下げる．

③欧米に劣らない温室効果ガス削減目標を掲げ世界をリードする．

日本の自給率は，過去最低だった2012年の6.4％から2016年は8.3％(「エネルギー白書」2018年)に回復しているものの，諸外国と比較してきわめて低水準である．そこで，再生可能エネルギーへの期待は大きく，導入が進めば①は向上して③につながるが，②は増大する．

そのため，②については長期エネルギー需給見通しのなかで火力発電の高効率化や徹底した省エネルギーなどにより，電力コスト増を現状以下にする政策目標も組み込まれている．

なお，2015年12月の「COP21」(気候変動枠組条約締約国会議)で「パリ協定」が採択され，日本は③について2030年までに2013年度比26％(2005年度比25.4％)の削減目標を提出している．この数値は基準年に違いはあるものの，欧米と遜色のない水準である．

第5次基本計画では，26％削減に向けて再生可能エネルギーについても2030年度電源構成の22～24％の確実な実現が求められており，第4次で掲げたこのエネルギーミックスの確実な実現と同時に，2050年の温室効果ガス80％削減を目標に，より高度な3E＋Sを目指して2050年に向けた対応を示している．

1.1.2 2030年度電源構成目標とその前提

表1.1は，2030年度の再生可能エネルギーの目標電源構成である．このエネルギーミックスは，**図1.2**に示すように2030年までの平均経済成長率を1.7%/年，2030年の電力需要を2013年度とほぼ同レベルの前提で，徹底した省エネ（最終エネルギー消費で5,030万kl程度（対策前比▲13%）の省エネ）の実施により，2030年度の最終エネルギー消費を3億2,600万kl程度に見込む内容が要点である．

これを実現するためには，2030年度にかけて35%程度のエネルギー効率の改善が求められる．この数値は，1970年代の石油危機以降の約20年間の原単位改善実績35%と同一レベルの厳しい目標である．この過酷な省エネを実現することで，2030年度に電力需要で1,961億kWh程度（対策前比▲17%）の低減となり，省エネルギー＋再生可能エネルギーで総発電力量の約40%をまかなうことを目指している．

また，「コージェネレーション」も約11%（1,190億kWh程度）の導入促進に組み込まれている．エネルギーは熱利用が最も多いが，廃棄も多い．高温多湿の日本と熱電併給による地域熱供給の導入が進んでいるヨーロッパの自然環境とは隔たりがあるが，寒冷地への積極的な取組みなど熱利用は地域のエネルギーシステム統合につながり，総合エネルギー効率を高めるために重要である．

日本はこれまで，1970年代の石油危機に伴う「危機意識」から産業界全体が省エネに取り組み，成果を上げて技術革新にも寄与した．現在，2030年度に向けて石油危機以後の20年間と同様の厳しい省エネが求められ，その実現のためには東日本大震災や地球温暖化に対する危機意識の共有が大切である．

表1.2に，最終エネルギー5,030万kl程度の省エネ対策として策定されている各部門の主な対策内容と，2016年度時点の進捗状況を示した．このように，2016年度時点でも進捗率17.4%（876万kl）にとどまっている．

これを改善するため2018年6月に公布された

表1.1 2030年度の電源構成（総発電量力量10,650億kWh程度）

電源種別		比率
再生可能エネルギー		22～24%程度
	太陽光	7%程度
	風力	1.7%程度
	地熱	1.0～1.1%程度
	水力	8.8～9.2%程度
	バイオマス	3.7～4.6%程度
原子力		20～22%程度
LNG		27%程度
石炭		26%程度
石油		3%程度

出典：経済産業省資料

「改正省エネ法」（エネルギーの使用の合理化等に関する法律）は，今後産業・業務部門では企業間の連携による取組みや，運輸部門（貨物分野）では荷主の定義見直しにより荷主側への取組み協力要請が可能になるなど，いっそうの省エネルギーが期待される．

今回の改正省エネ法は産業・業務部門，運輸部門が主な対象であるが，今後は住宅やビルなどの省エネにつながる「ZEH」「（ネット・ゼロ・エネルギー・ハウス)や「ZEB」（ネット・ゼロ・エネルギー・ビル)にも注目が集まり，その普及が期待されている．ZEHは2030年まで新築住宅の

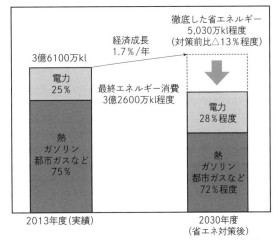

出典：「長期エネルギー需給見通し」（経済産業省2015年7月から抜粋）

図1.2 2013年度のエネルギー需給

表1.2　各部門の省エネルギー対策内容と2016年度時点の進捗状況(参考)

部　　門	省エネルギー(5,030万kl程度)内訳と進捗率	対策内容
産業部門	1,042万kl程度 ▲191万kl(18.3%)	・主要4業種(鉄鋼,化学,セメント,紙・パルプ)の低炭素社会実行計画の推進 ・工場のエネルギーマネジメントの徹底 ・業種横断的に高効率設備を導入など
業務部門	1,226万kl程度 ▲206万kl(16.8%)	・建築物の省エネ化(省エネ基準適合義務化,ZEB) ・BEMSによる見える化・エネルギーマネジメントの導入 ・業種横断的に高効率設備を導入など
家庭部門	1,160万kl程度 ▲170万kl(14.6%)	・住宅の省エネルギー化(省エネ基準適合義務化,ZEH,省エネリフォーム) ・HEMSによる可視化・エネルギーマネジメントの導入 ・LED照明・有機ELの導入など
運輸部門	1,607万kl程度 ▲309万kl(19.2%)	・次世代自動車の普及,燃費改善 ・交通流対策　　・自動運転の実現など
進捗率合計	▲876万kl(17.4%)	

出典：資源エネルギー庁省エネルギー対策課「長期エネルギー見通しにおける省エネルギー対策」　2016年3月，2019年6月資源エネルギー庁資料
(https://www.enecho.meti.go.jp/category/saving_and_new/saving/h30law/sanko.pdfより一部抜粋作成)

平均，ZEBは新築建築物の平均で実現を目指すことが第4次エネルギー基本計画の目標である．

現在，LEDなどの導入は進んでいるが，全体としては停滞している(表1.2)．そこで，2030年度のエネルギーミックス実現を再生可能エネルギーとともに担う省エネルギーの積極的な取組みが各部門で求められる．

1.2　再生可能エネルギーの現状

1.2.1　導入状況と再生可能エネルギー源に対する現状認識

(1)再生可能エネルギーの導入状況

図1.3，表1.3に，2010年度，2017年度の発電電力量(発電量)構成比と2018年12月末時点の再生可能エネルギーの発電設備の導入状況を示した．

図1.3から，次のような現状がわかる．

①2017年度は天然ガス(39.5%)，石炭(32.7%)，石油(8.7%)の化石燃料で80.9%を占め，火力に依存する電源構成である．

②東日本大震災前の2010年度と比較して，原子力の激減と相対的に火力への依存度が高まり，とくに天然ガスと石炭消費の増大を招いている．

③2017年度の再生可能エネルギーは16.0%(水力含む)で，2010年度(同9.5%)に比較して着実に増大している．とくに水力を除くと約3.7倍(7.9%)となり，FITの施策を反映している．

再生可能エネルギーの現状を2018年12月末時点の発電設備の導入状況(表1.3)でみると，次のことがわかる．

①FITがスタートして新たに運転を開始した再生可能エネルギーの発電設備は約4,600万kW，そのほとんどは太陽光発電で約94%を占め，認定容量の約81%も太陽光である．

②ただし，太陽光の設備利用率は低く，FIT開始からの買取電力量の累計では約70%にとどまる[7]．

③設備認定量に含まれる設備の接続動向次第で実際の導入量は変動するが，現状では太陽光発電と中小水力発電はエネルギーミックスに対する進捗率は高く，バイオマスも堅調である．一方，風力と地熱，とくに地熱はミックスに対する見通しが厳しい．

(2)導入状況の現状認識

太陽光発電はこれまで再生可能エネルギーの牽引役を果たしてきたが，今後はFIT終了後の自家消費，自由契約の選択肢の動向やZEH，ZEBの進捗状況が注目される．風力は計画から稼働までのリードタイムが長く，実現までの歩みは遅いが，洋上は2019年に施行された「再生可能エネ

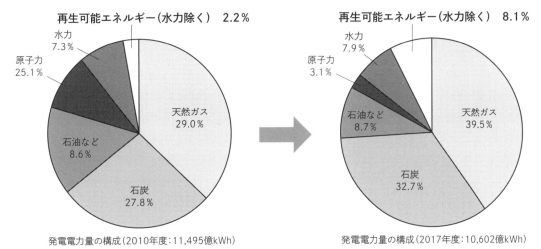

再生可能エネルギー(水力除く)　2.2%

発電電力量の構成(2010年度：11,495億kWh)

再生可能エネルギー(水力除く)　8.1%

発電電力量の構成(2017年度：10,602億kWh)

出典：資源エネルギー庁「2017年度におけるエネルギー需給実績(確報)」(2019年4月)
https://www.enecho.meti.go.jp/statistics/total_energy/pdf/stte_026.pdf

図1.3　2010年度と2017年度の発電量構成比較

ルギー海域利用法」により，今後の導入が期待さ
れている．

　一方，日本の自然環境とくに洋上の風環境は厳
しく水深もあるため，日本の自然環境に適した洋
上設計技術や SEP 船(自己昇降式作業台船)によ
る洋上建設工事などの施工技術，さらには設置後
の運転維持管理技術が問われてくる．

　中小水力は水力全体に占める比率が小さく個々
の規模は限られるが，電源構成には不可欠で，東
日本大震災前と変わらず毎年 800 億 kWh 前後を
供給している貴重なエネルギー源である．農業用
水やダムの維持放流利用，砂防ダムの活用にいっ
そうの普及が期待できるが，下流河川への対策を
考慮して導入しなければならない．さらに，設備
利用率も高く，将来にわたって再生可能エネル

ギーの一角を担うことが期待されている．

　地産地消に直結する地熱発電は，過去の調査報
告など[8]によれば，蒸気フラッシュ150℃以上が
期待できる有望地点は限られ，現状では 2030 年
度の 1.0 〜 1.1 ％の実現は難しく，事業者側の努
力と国の新たな支援策が急務となる．

　バイオマスは，2016 〜 2017 年度に大規模な一
般木質などバイオマス発電の認定量が急増したが，
その多くは輸入材である．2018 年度の入札制に
より導入量は抑制されたが，エネルギー自給率の
観点から輸入材の扱いについては再考の余地がある．

　日本の現状では 5,000kW 以上のボイラー・ター
ビン発電機が大半であり，地域への導入をはかる
には地域循環を目指した 2,000kW 未満の小規模
な熱電併給の展開が重要である．

表1.3　2018年12月末時点の再生可能エネルギー発電設備の導入状況

再生可能エネルギー発電設備の種類	累積導入量		設備認定量
	固定価格買取制度　導入前 2012年6月末まで	固定価格買取制度　導入後 2012年7月〜2018年12月末	買取制度導入後 2012年7月〜2018年12月末
太陽光(住宅)	約470	583	616
太陽光(非住宅)	約90	3,722	6,651
風力	約260	111	709
地熱	約50	2	8
中小水力	約960	35	120
バイオマス	約230	152	873
合計	約2,060	4,605	8,977

経済産業省資源エネルギー庁資料[4]

単位：万kW

著者は 2012 年当時，水力を含む再生可能エネルギー比率が 20 ％を超えるためには，技術革新や電力網の整備が不可欠であると指摘した[9]．現在は，いっそう再生可能エネルギー大量導入による系統制約の克服，蓄電池などの飛躍的な技術革新が差し迫った課題である．

参考文献
1）経済産業省／「エネルギー基本計画」（2018 年 7 月）
http://www.enecho.meti.go.jp/category/others/basic_plan/pdf/180703.pdf
2）飛田春雄／「再生可能エネルギーの着実な普及に向けて（第 1 回）」（「建築技術」pp.60 ～ 63，2017 年 3 月号）
3）経済産業省／「総合資源エネルギー調査会新エネルギー部会（第 37 回）」配付資料
http://www.meti.go.jp/committee/materials2/downloadfiles/g90825b12j.pdf
4）独立行政法人新エネルギー・産業技術総合開発機構編／「NEDO 再生可能エネルギー技術白書（第 2 版）」p.9（森北出版 2014 年 3 月）
5）経済産業省資源エネルギー庁
https://www.enecho.meti.go.jp/category/saving_and_new/saiene/renewable/outline/index.html
6）経済産業省／「長期エネルギー需給見通し」（2015 年 7 月）
http://www.meti.go.jp/prss/2015/07/20150716004/20150716004_2.pdf
7）経済産業省資源エネルギー庁
https://www.fit-portal.go.jp/PublicInfoSummary
8）環境省／「平成 25 年度地熱開発に係る導入ポテンシャル精密調査・分析委託業務報告書」
9）飛田春雄／「建築技術者のための太陽光発電基礎講座（第 10 回）」（「建築技術」pp.58 ～ 65，2012 年 11 月号）

1.2.2 再生可能エネルギー大量導入の動向

（1）懸念される課題

①電圧変動

再生可能エネルギーが大量に電力系統に「連系」（系統に接続すること）されると，電力が従来の流れの向きと逆方向に流れる「逆潮流」が発生する．たとえば，日射量が多い昼間に太陽光発電の出力が設置箇所の消費電力を上回り，系統側に電力を逆潮流する場合，系統の電圧が上昇し，電圧の適正値を逸脱する可能性がある（**図 1.4**）．

また，日射量や風の状況など自然条件によって太陽光発電や風力発電の出力が変動すると，これによる電圧変動が発生する．とくに風力発電の場合，最大出力の運転状態で強風により運転上限を超える風速になると，発電機は「解列」（系統から切り放すこと）され，発電力低下による系統の電圧低下が発生する恐れがある．

電圧が適正値を逸脱すると，需要家側では電気機器の誤作動や故障，系統側では系統機器の寿命低下などの影響があるため，この適正値を超えないように再生可能エネルギーの運転を停止したり，出力を抑制するなどの対策が必要になる．

②周波数変動

常に変動する電力需要に対して，電力系統運用

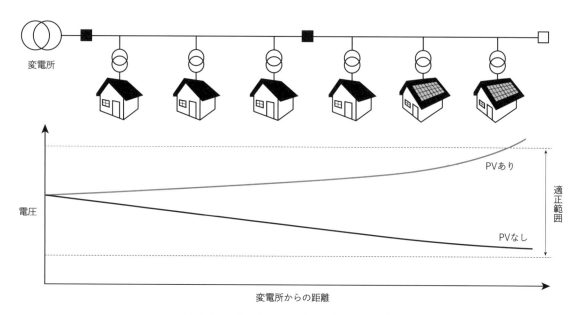

図 1.4　再生可能エネルギーの大量連系による電圧逸脱

者は発電機出力を調整することで需要と供給のバランスを保ち，これにより電力系統の周波数は一定に維持されている．

もし，このバランスが崩れて周波数が大きく変動すると，発電機の保護装置が作動して発電機は電力系統から次々と解列し，最終的には2018年9月に北海道全域で発生したような「ブラックアウト」（大停電）を引き起こす恐れがある．

再生可能エネルギーが大量に導入されると，気象変動による出力変動幅が大きくなり，これを既存の発電機による出力調整だけで対応できなくなれば，電力供給に重大な影響を及ぼす恐れがある．

③需要と供給のギャップ

出力制御が難しい再生可能エネルギーが増えると，需要が少ない春・秋の季節や夜間の時間帯に電力の需要・供給のギャップが発生する．太陽光発電が大量導入されると，需要が少ない春・秋や週末昼間などに余剰電力が発生し，風力発電が大量導入されると，需要が少ない夜間に強い風が吹けば，やはり余剰電力が発生することになる．

④再生可能エネルギーの単独運転と不要解列

落雷などによる電力系統の事故時などに供給を停止して無電圧にする系統で，再生可能エネルギーなどの分散型電源が系統に連系されたまま運転を継続することを「単独運転」という（**図1.5**）．

単独運転が継続されると，公衆感電や機器の損傷，消防活動への影響などの恐れがあるため，系

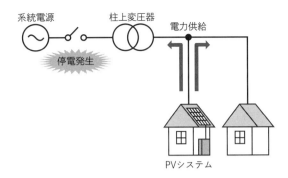

図1.5　再生可能エネルギーの単独運転

統から解列させる必要がある．

一方，落雷などにより，電力系統の周波数や電圧が瞬間的に大きく変動するような場合，本来は解列すべきでない再生可能エネルギーなどの分散型電源が解列してしまうことを「不要解列」という（**図1.6**）．

多数の再生可能エネルギーが広域にわたって一斉に解列すると供給力の大幅な低下になり，やはりブラックアウトにつながる恐れがある．

(2)課題解決に向けた取組み

①再生可能エネルギーの出力予測

日射量や風などの天候に大きく左右される太陽光発電や風力発電が大量導入されると，これらの出力変動は電力系統の電力品質，とりわけ周波数に大きな影響を及ぼすことが懸念される．そのため，これら再生可能エネルギーの発電出力を事前に予測し，火力発電など既存電源の出力調整など

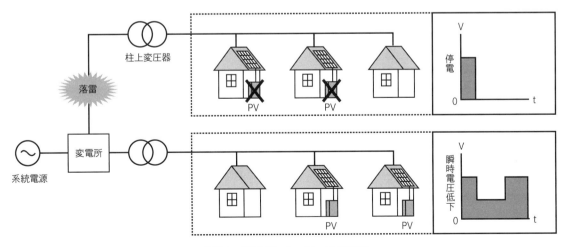

図1.6　再生可能エネルギーの不要解列

により再生可能エネルギーの出力変動を補償するという取組みがなされている.

②再生可能エネルギーの出力制御

再生可能エネルギー自体に出力制御機能を持たせ,出力変動を緩和する.また,系統運用者は太陽光発電事業者に対して年間360時間以内,風力発電事業者に対しては年間720時間以内であれば,無補償で出力抑制を要請できるルールが定められている[4].

③需給運用

これまで,各電力会社が発電所の出力を調整しながら電力の需給調整を行なってきた.この需給調整を需要側の蓄電池,発電機,蓄熱・空調などの負荷設備でもできるように,「デマンドレスポンス」や「バーチャルパワープラント」に向けた需給調整市場の検討と実証事業が行なわれている.

④エネルギーの貯蔵

従来の一般的な電力エネルギー貯蔵としての用途に加え,電力潮流安定化技術や再生可能エネルギーの出力変動による諸問題の解決策として,エネルギー貯蔵技術の活用が期待され,技術開発や実証研究が行なわれている.

参考文献
1)電力系統の高度利用を実現するシステム技術調査専門委員会／「電力系統の高度利用を実現するシステム技術—スマートグリッドを支えるシステム技術—」(電気学会技術報告,第1213号,2011年)
2)岩本伸一／「再生可能エネルギー大量導入に向けた最新動向(Ⅰ)電力系統の予測,制御,運用技術の高度化—1 総論」(『電気学会誌』,138巻11号,pp.730-731,2018年)
3)大久保仁編／「電力システム工学」(オーム社)
4)経済産業省系統ワーキング(2015年)
5)『電気学会誌』(138巻11号,2018年)
6)『電気設備学会誌』(第9巻第4号,2019年)

第2章

各再生可能エネルギーの概説

第2章では，第1章で解説した「エネルギー供給構造高度化法」の制定に基づく再生可能エネルギー源および「新エネルギー源利用等の促進に関する特別措置法」による新エネルギー源に基づいて，FIT対象の「太陽光発電」，「風力発電」，「中小水力発電」，「バイオマス発電」についてみていく．さらに，現状では2030年度の目標達成が険しく，導入が喚起されている地熱発電のうち「フラッシュ発電システム」とFIT対象の「バイナリー発電システム」について，各発電システムの現状や課題，展望などについて概説する．

2.1　太陽光発電

2.1.1　太陽光発電システムの現状と課題

住宅用太陽光発電は，2009年11月から始まった「固定価格買取制度」（FIT）が2019年11月以降，買取期間中の売電から順次，自家消費か自由契約のいずれかの選択を迫られている．

このため，今後は蓄電システムや電気自動車（EV）の普及により，「HEMS」（家庭用エネルギーシステム）時代の到来が期待されているが，これらを実現するためには蓄電システムはもちろん，住宅，非住宅を問わず発電コストの低減や系統連系の課題を克服しなければならない．

一方，今後は刻々の電力消費動向と太陽光電の発電量管理がますます重要になる．このなかで最も大切なのは，導入サイドの太陽光発電の理解，とくに予想発電量の把握と継続性能管理である．

(1)現状と導入目標

①現状

「IEA PVPS」（国際エネルギー機関・太陽光発電システム研究協力実施協定）によると，2017年末時点でIEA PVPS加盟国の太陽光発電システ

ム（PVシステム）の累積導入量合計は347GWで，他にも報告されていない国や独立型システムなどがあり，それらも含めると約402.5GWに達すると報告されている[1]．この数値は，すでに世界の原子力発電設備量400GWを超えている．

図2.1は，2017年末時点の太陽光発電システムの国別累積導入量である[2]．内訳は中国131GW（33%），アメリカ51GW（13%），日本49GW（12%）ドイツ42GW（10%）と大きく，これに続きイタリア，インド，イギリス，フランス，オーストラリア，スペイン，韓国，ベルギー，トルコとGWレベルの導入国が続く．

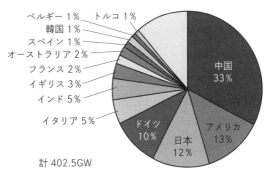

図2.1　太陽光発電システムの国別導入量（2017年末時点累計値）

計402.5GW

末時点でIEA PVPS加盟国の太陽光発電システ

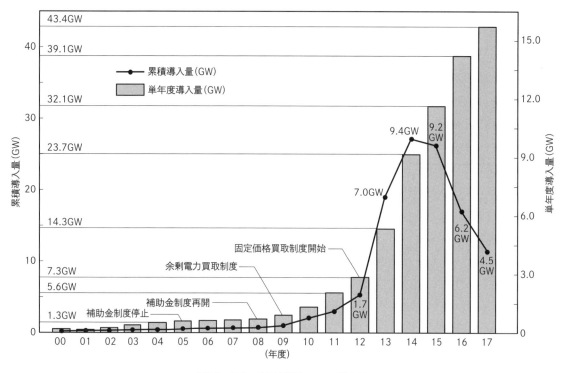

図2.2　日本の太陽光発電システム導入量

IEA の予測によれば，2018～2023 年の 6 年間でさらに 575GW の太陽光発電システムの新規導入が予定されており，まさに "テラワット"（TW）の導入量となる.

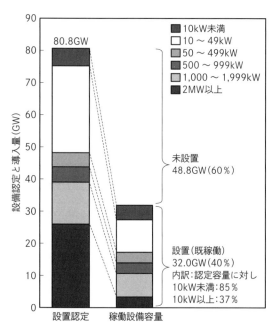

図2.3　設備認定と導入量（2016年6月時点）

主な新規導入国の上位は，中国 255.8GW，アメリカ 70.0GW，インド 62.9GW，日本 21.2GW，メキシコ 15.8GW などである. 人口増加の著しい開発途上国を始め，世界各地域でさらなる導入が計画されている.

図2.2 に，2000 年以降の日本の太陽光発電システムの導入状況を示す. 政府は導入の加速・増加をはかるため，一時停止していた補助金制度を 2009 年 1 月に復活した. また，11 月に余剰電力買取制度を開始し，2012 年 7 月に FIT を導入した.

FIT 施行後導入は加速したが，2014 年以降の単年度導入量は落ちている. しかし，2017 年度末の累積導入量は 43.4GW を超え，当初 2020 年に目標とされた 28GW を超えている[3].

図2.3 は，2016 年 6 月時点（FIT 施行後）の太陽光発電システムの政府認定容量と，実際に設置・稼働している設備容量である[4].

認定を受けた設備容量は約 81GW，そのうち 93％以上が 10kW 以上の非住宅用である. 政府認定容量の 40％が稼働中であるが，60％は未設置の状況にあり，その 63％が非住宅用である.

設置が進まない理由として，認定後の設置場所の確保や材料取得，連系工事の遅れなどが考えられるが，発電コスト低下を待つ業者もいるとの報告もある．政府はそうした遅れの弊害を避けるため，諸手続きを終了して工事に着手する時点で認定するよう，2016年8月に制度を改定している[5]．

②新規導入目標と買取価格

図2.4に，2030年の政府の長期エネルギー需給見通しを示す[4]．2013年度の電力需給に対して，経済成長率1.7%/年を仮定している．省エネルギー相当分（2,170億kWh）を除く2030年度の総発電電力量は，10,650億kWhである．

電力量の約50%は石炭やLNGで賄うが，うち22～24%は再生可能エネルギーであり，太陽光発電はそのうちの7%を見込んでいる．

太陽光発電システムの設備利用率（稼働率）を，経済産業省が定義する全国平均値の13%と仮定し，想定される年間発電電力量から2030年の太陽光発電システムの導入目標量を推定すると，

$$太陽光設備導入目標量 = \frac{総発電設備容量 \times 0.07}{(365 \times 24) \times 0.13}$$
$$= 65.5GW \qquad \cdots\cdots(1)$$

となる．

この目標量は当初2005年の目標量53GW[3]の約1.24倍で，「環境エネルギー政策研究所」（ISEP）が試算した全国の住宅・非住宅に設置可能な太陽光発電システム容量は332GW[6]であり，これに対して十分に可能な数値となっている．

FIT制度施行からの太陽光発電電力の買取価格の推移を表2.1に示す．「ダブル発電」とは，

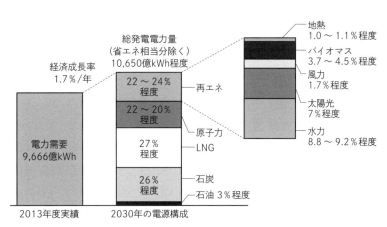

図2.4　2030年の電源構成

通常，太陽光発電設備で発電された電力は，住宅なら家庭内で使った後の余剰分は売電して収益とするが，余剰電力を住宅用蓄電池やバッテリーなどに蓄電して，発電しない夜間に消費すると同時に売電することで，その場合の売電価格は安くなる．

また，2015年4月1日以降接続契約申込みが受理された発電設備で，出力制御対応機器設置義務のある区域では，価格がそれぞれ2円高い価格（（*）内の数値）となっている．

買取価格は年度ごとに数円ずつ低下しており，とくに大型の太陽光発電の買取価格の下落幅が大きくなっているが，一般家庭の電気料金20～25円/kWh[4]に比べて買取価格が高いことから，太陽光発電を設置した家庭や10kW未満のシステム設置者にとっては有利である．

買取期間は10kW未満の設備では10年だが，

表2.1　買取価格の推移

買取価格と期間	年度	2012/7	2018	2019	2020	…	2030
≧10kW	価格（円）	40+税	18+税	14+税	未定	…	7+税
			2MW以上は入札制				
	期間（年）	20	20	20	20	…	10
<10kw	価格（円）	42	26(28*)	24(26*)	未定	…	市場価格
	期間（年）	10	10	10	10	…	10
≦10kW（ダブル発電）	価格（円）	34	25*	24(26*)	未定	…	未定
	期間（年）	10	10	10	10	…	10

（*）出力制御対応機器設置義務のある北海道電力，東北電力，北陸電力，中国電力，四国電力，沖縄電力の需給制御に係る区域において，2018年4月1日以降に接続契約申込が受領された発電設備では価格がそれぞれ2円高い金額となる．

表2.2　発電コスト試算結果(2014年モデル)[6]

電　源	原子力	LNG火力	再生可能エネルギー					
			小水力 (80万円/kW)	地熱	風力 (陸上)	バイオマス (混焼)	太陽光	
							産業用	住宅用
利用率	70%	70%	60%	83%	20%	70%	14%	12%
稼働年数	40年	40年	40年	40年	20年	40年	20年	20年
発電コスト 円/kWh	10.1〜 (8.8〜)	13.7 (13.7)	11.0 (10.8)	19.2 (10.9)	21.9 (15.6)	12.6 (12.2)	24.3 (21.0)	29.4 (27.3)
円/kWh 2011年試算値	8.9〜 (7.8〜)	9.5 (9.5)	19.1〜22.0	9.2〜11.6	9.9〜17.3	9.5〜9.8	30.1〜45.8	33.4〜38.3

2011年の設備利用率はLNG：80%.
2011年試算値は2011年コスト等検討委員会で試算した数値.
(　)内数値は，政策経費(国内の発電活動を維持するために必要となる土地交付金，防災関係予算，人材育成、広報活動など)を除いた発電コストを示す.

10kW 以上では 20 年である．2020 年以降の買取価格は未定で，経産省の調停価格等算定委員会の判断を待つことになる．

買取期間を過ぎた時点で発電量がどのような扱いになるかは不明だが，原子力程度の安い買取りか，最悪の場合は買い取ってもらえないことも考えられ，余剰電力を蓄電池に蓄えるなどの対策が必要になると思われる．

(2)発電コストの現状と低減策

太陽光発電設備導入の普及・拡大には，発電コストがキーポイントになる．**表2.2**は，主な電源設備の発電コスト試算結果を 2014 年モデルでみたものである[7]．

原子力は 10.1 円 /kWh 〜，現在最も使用されている LNG 火力が 13.7 円 /kWh で，太陽光(住宅)は 29.4 円 /kWh と LNG 火力に比べて約 2 倍高い．kWh あたりの発電コストが高いのは，太陽光が日照時間など自然現象に左右され，設備利用率(稼働率)が低いためである．

図 2.5 に，太陽光発電メガソーラシステムの

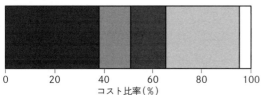

■PVモジュール　　■パワーコンディショナー,受変電設備
■架台,接続箱など　□土地造成,基礎,据付け,配線工事
■設計,管理その他

図2.5　太陽光発電システムのコスト分析[7]

コスト分析結果[8]を示す．太陽電池モジュールが約40%，パワーコンディショナーや受変電設備が約10%，架台・接続箱などが約15%で，土地造成や基礎工事，配線工事などの占める費用も大きくなっている．

主な項目について，コスト低減策をみてみよう．

①太陽電池(PV)モジュール

政府は，PV モジュールの変換効率を現状の16%〜18%から高効率化をはかり，2030 年には25%とすると共に，太陽光モジュールの量産化や新材料適用，製造コスト低減などで発電コストを7 円 /kWh とする計画である．さらに，2050 年には新しい原理・構造の超高効率モジュールを開発して，変換効率 40%，7 円 /kWh 以下を目指している[9]．

②パワーコンディショナー(PCS)

PCS のコスト低減として，・高効率化(92%→98%以上)，・高電圧化(400Vdc→1,500V)，・大容量化(500kW→3,200kW)[10]，・長寿命化(20年→40 年)などが開発されている(カッコ内は，現状→開発目標)．

高電圧化については，同じ発電容量に対して電流容量を小さくできるので，配線導体の直径が小さくなり，配線作業が容易になる．また，場所を小さくでき，コンパクトな発電所建設が期待できる．さらに，大容量化は部品点数を少なくなるのでレイアウトが簡素になり，保守も容易でコストダウンになる．

これらの課題を含め，産官民でさらなるコスト

低減に向けた開発が進められている．

③支持架台

近年，地球温暖化の影響とみられる気象変動によって，暴風が発生して建屋破損などの被害が増加している．

一般住宅の太陽光発電設備は，屋根の勾配に合わせて設置するため暴風には比較的安全だが，大型太陽光発電設備を地上または建物の屋上などに設置する場合は，年間日射量を考慮して発電効率の良い角度に架台を傾斜してアレイを取り付ける．しかも，発電設備も大面積になるので，設計条件にもよるが，各部の強度を正確に算出して部材強度を検証しておかなければならない[11]．

さらに，材料開発や適正な強度設計，構造設計などでコスト低減をはかる必要があるが，それにはシステム全体のバランスを考慮した取組みが重要である．

(3)系統連系上の課題

太陽光発電は気象の変動によって出力が変動するので，単独でエネルギー電源として使う用途には不向きである．しかも，安定出力を得るために大容量エネルギー蓄積装置や蓄電池が必要になり，経済的でない．

そこで，既存の電力系統と連系して太陽光発電出力の変動を抑制させる方法が望ましい．日本では，ほとんどの太陽光発電システムが系統に連系されているが，系統と連系するには連系技術要件[10]を満たす必要がある．

表2.3に，太陽光発電システム（分散電源）の容量に対して，連系可能な系統の区分を示した．原則として低圧配電線（600V以下）には50kW未満が接続可能で，2MW以上は7kV以上の特別高圧電線路に接続される．

表2.4は，系統別・発電設備別の主な連系技術要件である[12]．太陽光発電システムは，このうちの「直流発電設備＋逆変換装置」の自励式変換装置の欄（列）が該当する．これによれば，単独運運転の防止や，変換装置の無効電力制御（力率制御）による常時電圧変動抑制を行なうなどが連系技術要件としてある．

表2.3　系統連系の区分

No	連系の区分	太陽光発電システム容量
1	低圧配電線（600V以下）	原則として50kW未満
2	高圧配電線（600V〜7kV）	原則として2kW未満
3	スポットネットワーク配電線（22kV〜33kV）	原則として10MW未満
4	特別高圧電線路（7kV以上）	原則として2MW以上

表2.5に，系統統連系時における太陽光発電システムの問題点と課題，および対策をまとめて示した．大きく「電力品質」，「保安」，「需給調整」，「安定度」に分けることができ，多くは概ねPCSで解決されている[13), 14)]．

①単独運転防止

「単独運転」は，太陽光（発電設備）が接続される配電線やその上位系統で事故が発生し，線路引出口の遮断器が開放された場合や，作業時や火災など緊急時に線路途中に設置された開閉装置を開放した場合などに，太陽光が系統から解列されずに系統から分離された部分系統内で運転を継続することをいう．

単独運転を継続すると，本来無電圧であるべき線路が充電されて，作業員の感電や事故点の被害拡大，復旧遅れなどで供給信頼度の低下を招くことがある．それを防止するため，遮断機トリップの転送信号や保護リレーなどを用いて単独運転を検出し，太陽光発電設備を系統から解列する必要がある[15]．

単独運転の検出には，「受動的方式」（単独運転時に発生する状態の変化を検出する方式で，分散電源と負荷がバランスしていると検出できない問題もある）と「能動的方式」（分散電源側から何らかの外乱を与えることで生じる状態の変化を検出する方式で，分散電源と負荷がバランスしていても検出できるメリットがある）がある．

そこで，正確に検出するには，表2.4の系統連系技術要件にみられるように，受動的方式と能動的方式のそれぞれの1方式以上を組み合わせて確

表2.4　系統別・発電設備別の主な連系技術要件

系統・発電設備／技術要件	低圧連系				高圧連系			
	交流発電設備		直流発電設備+逆変換装置		交流発電設備		直流発電設備+逆変換装置	
	同期発電機	誘導発電機	自励式	他励式	同期発電機	誘導発電機	自励式	他励式
逆潮流の有無	なし		あり/なし		あり/なし			
発電電圧異常時の保護	OVR+UVR				OVR+UVR			
系統短絡保護	DSR検出できる場合はOCRまたはUVRでも可	UVR（発電電圧異常検出用と兼用可）			DSR	UVR（発電電圧異常検出用と兼用可）		
系統地絡保護	単独運転検出機能（受動的方式）など				OVGR			
単独運転防止	UFR+UPR+RPR　RPRは地絡保護用単独運転検出機能（受動的方式）で代用可　UPRは発電機出力制御により負荷>発電量を常に確保できる場合にはRPRで代用可		逆潮流あり　OFR+UFR+単独運転検出機能（受動+能動）　逆潮流なし　UFR+RPR+逆充電検出機能（UVR+UPR）または単独運転検出機能（受動+能動）		逆潮流あり　OFR+UFR+転送遮断装置または単独運転検出機能（能動的方式1方式以上を含む）　逆潮流なし　UFR+RPR			
自動負荷制限・発電抑制	—				発電設備脱落時に電線路が過負荷となる恐れがあるときは自動負荷制御を行なう.			
線路無電圧確認装置	設置不要				逆潮流あり：設置要（能動的方式一方式以上を含む二方式以上の単独運転検出機能を持つ装置の設置などにより省略可）　逆潮流なし：設置要（連系保護装置などの二重化により省略可）			
常時電圧変動対策	適正力率維持		適正力率維持+電圧上昇抑制機能		力率による制限：適正力率維持+電圧上昇抑制効果（+自動負荷制限）			
瞬時電圧変動対策	自動同期検定装置	（限流リアクトルなど）	自動的に同期が取れる機能	（限流リアクトルなど）	自動同期検定装置	（限流リアクトルなど）	自動的に同期が取れる機能	（限流リアクトルなど）
短絡容量対策	要		不要		要		不要（大容量のものは不要）	

注）OVR（過電圧継電器），UVR（不足電圧継電器），UFR（周波数低下継電器），OFR（周波数上昇継電器），RPR（逆電力継電器），OVGR（地絡過電圧継電器），DGR（地絡方向継電器），DSR（短絡方向継電器）
出典：日本機械学会「超小型ガスタービン利用分散型エネルギーシステム研究分科会報告書」（2001年5月）

実に検出することが必要である.

図2.6に，配電系統で単独運転となる形態例を示す.（a）はバンク遮断機が事故などで開放になった場合，（b）はフィーダ遮断機が開放になった場合，（c）はフィーダ内の事故によって配電線が切れた場合の例である.

いずれの場合も，遮断地点から下位系統（負荷側）が単独運転となる.表2.3の連系系統区分にみられるように，2MW以上の大容量の太陽光発電システムは特別高圧電線路（7kV以上の送電線）

表2.5　系統連系上の太陽光発電システムの問題点・課題と対応策

問題点・課題		要因	対策例
電力品質	電圧変動	逆潮流・出力変動	・出力抑制による電圧上昇抑制　・PCSの無効電力制御による変動抑制　・LVR,SVCなどの電圧調整機器設置　・電線太線化，柱上変圧器の増強
	高調波/EMC	インバータ電源の増加	・PCSのノイズ抑制制御　・インバータ/コンバータのdV/dt緩和
保安	単独運転防止	系統運転停止にかかわらず太陽光発電設備の運転継続	単独運転検出（能動方式）と保護
需給調整	周波数変動	出力変動	火力，水力などのLFC（Load Freq. Contr.）容量の確保や出力抑制
	需給調の困難	軽負荷状態における発電量増加	PCSへのカレンダー機能実装による出力制限
	ダックカーブ現象	太陽光発電が多数導入されたときの発電による実質電力需要減少と発電がなくなったときの実質電力需要の急増	・蓄電池との併用による電力調整　・デマンドレスポンスによる負荷調整　・電力料金制度による負荷調整　・電気温水器などの負荷電力のシフト
安定度	一斉解列の抑制	インバータ電源の耐量不足（瞬低耐量,周波数変動耐量）	PCSにFRT（Fault-Ride-Through）機能実装

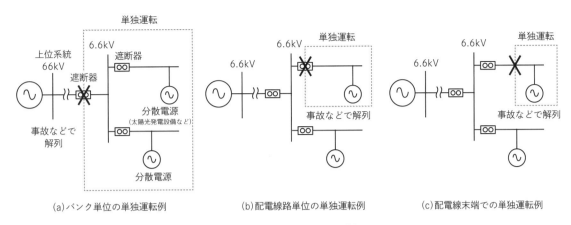

(a)バンク単位の単独運転例　(b)配電線路単位の単独運転例　(c)配電線末端での単独運転例

図2.6　分散電源の単独運転形態例

に接続されることから，系統連系要件として1秒以下の系統事故に対しては運転継続することが2012年8月から要求されている．

②出力抑制

需要に対して供給過剰になると，電力会社は火力発電の発電量を必要最低限に抑えるなどして供給を絞り込むが，それでもなお電力供給が需要を上回ると見込まれれば，再生可能エネルギー発電の出力抑制を行なう必要が生じる．しかし，再生可能エネルギーの出力抑制は最も優先度が低く，まず燃料費や発電コストのかかる電源から抑制がかけられる．

出力制御のルールは2015年1月に改定され，従来「500kW以上の設備」に限定されていたものが，"家庭用を含む500kW未満"にまで適用範囲が広がり，また日数も"年に30日"から"年に360時間（太陽光）／720時間（風力）"という新しいルールに移行している[15]．

単に出力抑制は，PCSインバータの電流制御系の電流指令値を変更する方法[16]，直流電圧制御系の電圧指令値を変更する方法などによって抑制できる．

③「ダックカーブ現象」

太陽光発電システムを多く導入しているアメリカ・カリフォルニア州では，日中は太陽光発電で電力消費を賄うため実質電力需要が少なく，夕方に発電が低下してさらに停止すると，電力需要がピークを迎える午後5時以降に実質電力需要が急増することになる．

この現象は，実質電力需要の推移を表わす曲線が"アヒル"のような形を描くことから，「ダックカーブ現象」と呼ばれている[17]．

図2.7に，同州の電力を管理する独立系統運用機関「CAISO」のレポートで示された，2013年〜2020年（予測）の一日の実質電力需要の推移を示す[18]．

2013年の実質電力需要を示したグラフでは，日中は比較的なだらかな線を描き，電力消費が増える午後5時〜午後9時になると上昇するカーブを描いていた．しかし，太陽光発電システムの導入が進んだ2015年には，太陽光発電のために午

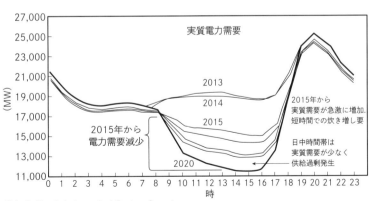

出典：California Independent System Operator

図2.7　カリフォルニア州の実質電力需要の推移

前8時から午後4時までの需要が大きく減少し，発電が停止する午後5時以降にカーブが急上昇する状況が確認された．

太陽光発電の増加によって，2020年には日中の需要はさらに減少するという予想が示され，日中の実質需要が大きく下がることで，電力会社の供給電力が過剰になる恐れがある．一方，電力需要が増える午後5時以降には実質電力需要が急増し，供給不足となる恐れがあることもわかった．

この現象は近い将来，日本で太陽光発電が系統に多数導入されれば同じことが起こると考えられる．その対策として，実質需要の急増に対応するために，出力調整しやすい火力発電設備などを待機させておくことが必要になる．

現在，CAISOで考えられている対策案として次のようなものがある．

（a）太陽光発電と蓄電池の併用：昼間に蓄電して夕方以降に放電し，太陽光発電の出力変動を抑制する．

（b）デマンドレスポンス：需要のピーク時に「デマンドレスポンス」（供給量に適合させるよう需要家が電力消費を抑制）することでピークカットを行なう．

（c）電力料金制度活用：デマンドレスポンスと逆に，「昼間電力料金割引」で太陽光発電のピーク時に電気が安くなる電力プランを設定し，消費者が昼間に電気を使うよう促す．

（d）電気温水器や氷蓄熱空調システムなどによる熱利用：電気温水器や氷蓄熱空調システムなど，電力を使う設備を昼間稼働させることで電力需要を日中にシフトする．

CAISOに関する最新情報が得られていないので詳細は不明であるが，コストのかからない②〜④などの対策が検討されていると思われる．

（4）一斉解列の抑制

一般にインバータ電源は，回転機に比べて瞬低時や周波数変動時の運転継続能力が低く，とくに電圧低下時はインバータが一斉に解列し，系統が不安定になる懸念がある．

この問題は，ヨーロッパの系統で起こった．工場休日の軽負荷時で，ほとんどの負荷が風力エネルギーで賄われているときに，系統で地絡事故が発生した．系統電圧が低下したことで，風力のエネルギー変換に使用しているインバータがことごとく止まり，大停電となったことがきっかけで，系統事故時の太陽光発電や風力発電に使用されているインバータの運転継続の必要性が生じた．

系統事故時の運転継続を「FRT」（Fault Ride Through）と呼び，配電系統以上の超高圧送電線や特別高圧送電線などに連系する太陽光発電システム（分散電源）では，2012年8月からFRT機能を持たせることが系統連系要件としてある[15]．

送電系統で地絡や短絡，断線事故などが発生して，系統電圧の低下や商用周波数が変動した場合の分散電源の運転継続規定についてみていこう．

図2.8は，2017年4月から施行された日本の

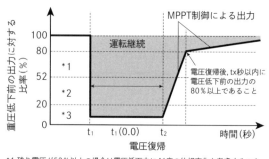

*1 残り電圧が52%以上の場合は電圧低下中に41度の位相変化を考慮すること．
*2 残り電圧が20%以上52%未満の場合は位相変化がないものとする．
*3 位相変化を伴わない電圧低下に限る（位相変化がある場合は解列可）．

（a）系統電圧の変動

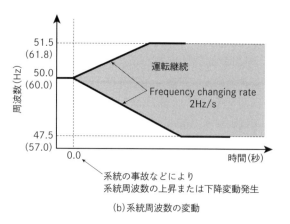

（b）系統周波数の変動

図2.8　太陽光発電のFRT系統連系要件

表2.6　2次電池の性能比較

種類＼項目	ニッケル水素電池	鉛蓄電池	リチウムイオン電池	ナトリウムイオウ電池	レドックスフロー電池
平均作動電圧（V）	1.2	2.0	2.4〜3.8程度	2.1	1.4
質量エネルギー密度（Wh/kg）	60〜120	20〜35	150〜200	100〜200	10〜30
体積エネルギー密度（Wh/L）	140〜300	50〜90	200〜400	150〜250	15〜40
寿命（年）	5〜7	5〜10	10	15	10
作動温度（℃）	0〜35	0〜35	0〜35	300程度	10〜40程度
大容量化	〜MW級	〜MW級	〜MW級	MW級以上	MW級以上
安全性	安全	安全	やや困難	やや困難	安全
コスト	やや高い	安い	高い	安い	安い

太陽光発電用 PCS の FRT 系統連系要件である.

（a）は, FRT 系統連系要件のうち事故などで系統電圧が変動した場合の PCS の運転継続範囲である. 時刻 t_1 で送電線事故が発生し, 系統の残り電圧が 20 ％以上で 1 秒以内の事故の場合は, PCS は運転継続する. ただし, 電圧の位相変化を伴わない 3 相平衡事故に関しては, 20 ％以下でも運転を継続する.

なお, 20 ％以下となった場合で「ゲートブロック」（インバータのゲート信号をブロック（停止）し, 電圧回復後すぐに運転動作できる状態とする）としても良い. 20 ％以下で電圧に位相変化がある場合は, 解列しても良い.

運転継続の場合, インバータは事故期間中（$t = t_f \sim t_0$（$t = 0$）, 残り電圧に見合った信号を出力する. 事故除去（時刻 t_0）後, 時刻 t_2（残り電圧が 20 ％以上の場合は $t_2 = 0.1s$, 20 ％未満の場合は $t_2 = 1.0s$）以内に事故前の発電電力の 80 ％以上に電力を回復することが要求されている.

（b）は, 事故により系統周波数が変化した場合の PCS の運転継続範囲である. PCS は, ±2Hz/s の周波数変動で 47.5Hz（57Hz）〜51.5Hz（61.8Hz）の範囲で運転を継続しなければならない.

ここでは, 商用周波数 50Hz（カッコ内 60Hz）の場合を示している. なお, 50Hz（60Hz）〜50.8Hz（61Hz）のステップの上昇時は, 運転を継続しなければならない. PCS を運転継続させるためには, 過電圧や過電流の発生を抑制する制御系の設計が必要で[15], また電流や電圧, 周波数に対しても耐性を持たせる設計とする.

2.1.2　普及・拡大に向けて

再生可能エネルギーの主電源化は, 太陽光発電の普及・拡大をはかるうえでインセンティブ（刺激策）となる.

（1）主電源化へのチャレンジ

脱炭素社会の実現と原子力発電の依存度低減が求められており, 再生可能エネルギーの主電源化は重要な解決策となる. そのためには次のような課題の解決が必要であり, 産官学一体となって進められている.

・国際水準を目指した発電コスト低減：ヨーロッパの2倍といわれる太陽光発電のコストダウン.

・系統制約の克服：太陽光発電システムの大量導入に対して, 送電線空き容量問題の対応や地域間連系線の最大活用など.

・長期安定稼働の実現：太陽光発電システムのメンテナンスガイドラインや発電事業者評価ガイドなどを活用した「運転管理・保守点検」（O&M = Operation & maintenance）の実施, 地域との共生の実現.

①2次電池併用によるエネルギーの平準・安定化

太陽光発電システムと2次電池との併用は, これまでピークカットや負荷平準化, 停電時のバックアップ電源など比較的小容量で実施されている.

太陽光発電を主電源として位置付けるには, 気象条件不良時や系統故障時にも安定してエネルギーを供給できることが重要で, 比較的大容量の2次電池が必要になると考えられる. **表 2.6** に, 利用可能な2次電池の種類と性能比較[19]を示す.

鉛電池や NAS 電池（ナトリウム硫黄電池）は,

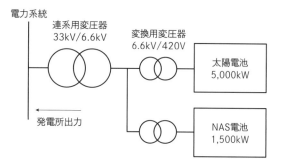

図2.9 稚内メガソーラー発電所の構成

すでに世界的に風力発電や太陽光発電に併設して電力系統に多く使用され，コスト面でも有利である．エネルギー密度からはリチウムイオン電池やNAS電池が有利であるが，安全面での対策が必要といわれている．

図2.9は，「新エネルギー・産業技術総合開発機構」（NEDO）の「大規模電力供給用太陽光発電系統安定化等実証研究」の実証研究施設として，2006年から設置された「稚内メガソーラー発電所」の結線図である[20]．

太陽光発電設備は5,000kW，NAS電池は太陽光発電設備の最大発電電力の30%，1,500kWである．両設備は，連系用変圧器を介して33kVの北海道電力の系統につながれている．

図2.10に，発電所が計画運転をしたときの試験結果を示す[21]．日射条件の良いときの結果で，

午前7時30分過ぎあたりから太陽光は発電を始め，12時あたりで約1,000kW$_{peak}$最大（このときの太陽光発電設備の最大容量は4,000kW）となり，その後，発電電力は徐々に小さくなり，午後4時30分あたりまで発電している．

計画運転は，午前9時から午後6時まで450kW一定出力としている．太陽光が発電を始めるとNAS電池は充電を開始，発電出力が小さくなり450kW以下となった午後3時付近で，充電から放電に切り替わっている．放電は，計画出力が行なわれている午後6時までとなっている．

太陽光発電出力が変動する午前11時から12時では，NAS電池が太陽光発電の変動に応じて充放電して変動を抑制し，発電所出力を計画値通りの一定値に保っている．すでに確立された技術であるが，2次電池の大容量化，安定化，低コスト化が課題である．

②太陽光発電による水素製造

次世代エネルギーとして期待される水素を，太陽光発電の電力によって電気分解してつくる実証試験を，東京大学と宮崎大学の共同研究グループが行なったと報告されている[22]．想定される装置の構成を図2.11に示す．報告によると，太陽電池は集光型，電気分解装置は市販である．

宮崎の日照条件で発電効率は31%を達成していることから，水の電気分解における電力から水素へのエネルギー伝達効率80%を考慮すると，太陽光から水素へのエネルギー変換効率は約25%となり，実証試験では世界最高効率の24.4%を実現している．

これまで，人工光合成などの光触媒を用いた太陽光エネルギーによる水素製造では，水素へのエネルギー変換効率が10%未満にとどまっていたことを考えると，今後の実用化が期待される．

実験に使用した太陽電池は集光型で高価であり，太陽電池のいっそうの効率向上と低コスト化，日

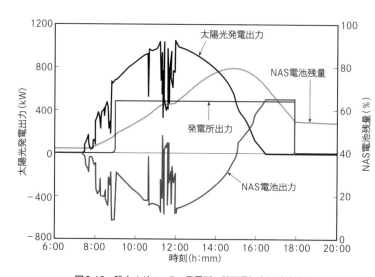

図2.10 稚内メガソーラー発電所の計画運転実証試験結果

照条件に合わせて太陽電池と水の電気分解装置の接続を逐次最適化する回路の開発，水の電気分解装置の効率向上，貴金属触媒の代替による低コスト化，入力電流の変動に対応した耐久性向上が必要と報告されている．

(2)産総研・FREAの取組みと
　　太陽光発電システムの課題

　①産総研・FREAにおける取組み

　太陽光発電システムの導入は，日本や欧米から今後中国や東南アジア，中南米諸国などに移っていくことが想定されている[2]．そこで，産業技術総合研究所は国内太陽光発電メーカーの海外ビジネスへの支援を検討している．

　メーカーが海外市場に参入していくためには，製品が現地規格に適合していることはもちろん，規格の認証取得が必要であるが，国内メーカーはとくに数百kW以上の大型PCSに対する試験設備が十分でないことが考えられる．

　また，海外で認証を取得するためには，海外認証機関に試験を依頼することになるが，それには相手国言語での対応や海外への輸送費用，手続きなどが必要であり，さらに認証取得に費用と時間がかかるなど，海外競合メーカーと比べて不利な

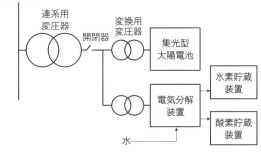

図2.11　太陽電池による水素製造

条件も多い．

　こうしたことから産総研では，国内メーカーが海外競争を優位に進められることを考え，共通に使用できる試験設備を構築している．また，国内で海外認証が得られるよう基盤整備を行ない，さらに，日本メーカーの技術優位性を客観的指標で示すことができる国際標準規格の提案と，それに基づいた認証スキームの開発を行なっている．

　図2.12は，大型PCSの海外認証やメーカーが共用可能な試験設備である．主に「系統模擬電源」（ACシミュレータ）と「太陽電池模擬電源」（PVシミュレータ（直流電源）），およびこれら電源を制御するPCで構成されている．

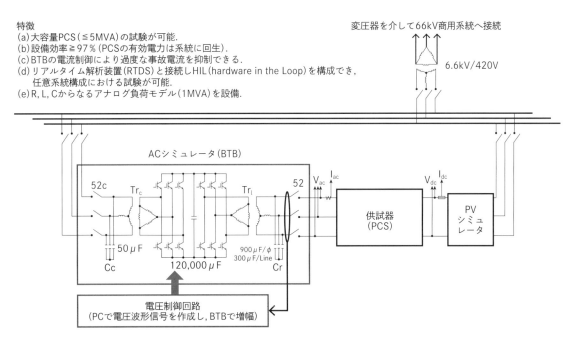

図2.12　大型PCS評価試験設備の構成

系統模擬電源は容量5MVA，入出力交流電圧420V（絶縁変圧器420V/576V_{max}付き），太陽電池模擬電源容量3.3MWで，1ユニットが550kW（0〜1,000V_{dc}の範囲で調整可能）の電源6台で構成される．

試験室は次の4室で構成され[23]，各試験室には系統模擬電源と太陽電池模擬電源の出力端子が準備され，この端子に大型PCSを接続することで，目的に応じた試験が行なえる．

(a)系統連系試験室

大型PCSの電力系統への連系として，FRT試験や単独運転防止試験など電力品質確保に必要な試験を行なう．

(b)安全性試験室（恒温槽など）

大型PCSの実環境での動作を確認する熱サイクル試験や長期的な信頼性評価，サージ電圧（瞬間的な異常高電圧）試験など安全性に関する試験を行なう．

(c)電磁環境試験室（電波暗室）

大型PCSからの電磁放射（妨害波）の測定や，外部からの電磁波に対して装置の機能・動作が阻害されないかの試験を行なう．

(d)システム性能試験室

蓄電池などを含めた大型PCSを1つのシステムとして，天候に応じて発電出力を最大化する自動制御性能など各種性能を評価する．

試験設備の特徴としては，

・大容量PCS（≦5MVA）の試験
・試験のための消費電力少（損失だけ補給し，その他の電力は電源に回生）
・リアルタイム解析装置（RTDSなど）と組み合わせたHIL（Hardware in the Loop）構成ができ，任意の系統構成での試験可能[24]
・R，L，Cからなるアナログ負荷モデル（1 MVA）などがある．

なお，試験設備は「日本電気安全環境研究所」（JET）と協力して活用している．

図2.13に，大型PCS評価試験設備を用いた送電線1線地絡事故時の解析波形を示す．大型PCSは，容量250kW（直流電圧600V，直流電流417A）を使用している．事故発生により1線の交流母線電圧がゼロとなり，発生から約60ms後にPCSを停止（ゲートブロック）している．

事故除去（事故模擬の遮断器開放）を約310ms後に行ない，その後約100msでPCSを再起動（ゲートデブロック）している．PCSは事故除去後，約200msで事故前の運転状態に復帰している解析波形が得られている．

試験設備を使った解析により，事故時の大型PCSの動作やそのときの系統の動きなどを知ることができ，PCS制御・保護回路の調整も可能である．

産総研・FREAでは，再生可能エネルギーの普及・拡大に向けたエネルギーネットワーク，風力発電，水素エネルギー蓄積・輸送・利用，地熱利用などの研究開発にも積極的に取り組んでいる[25]．

②太陽光発電システムとしての課題

太陽光発電導入のさらなる拡大には，システムの低コスト化，高効率化はもちろん，系統と連系してシステムが安定に運転を行なうことが重要で，次のような研究・開発が急がれる．

・日射量・発電量予測技術の開発（太陽光発電発電所の計画運転が可能になる）．
・負荷と太陽光発電との協調制御の開発（太陽光発電の出力変動を抑制できる）．
・低コストエネルギー蓄積装置の開発（出力変動を抑制することで，太陽光発電の大量導入が可能になる）．
・スマートグリッド活用技術開発，すなわち双方向通信技術，スマートメータによるICT技術，自律分散制御技術などの開発（太陽光発電を含めたスマートグリッド内の高効率で安定した運転が可能になる）．

温暖化対策や低炭素化志向などから，再生可能エネルギーとくに太陽光発電は主電源化の動向にある．このような状況で，太陽光発電システムの現状と将来，普及・拡大に向けての課題について概説した．また，課題に向けた産総研・FREAの取組みについても紹介した．関係者の参考になれば幸いである．

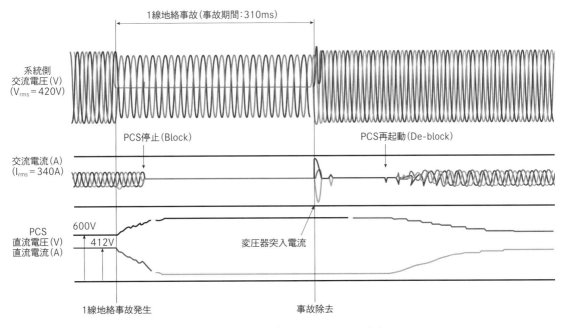

図2.13　1線地絡事故時のシミュレーション波形

参考文献

1) https://solarjournal.jp/solarpower/28014/
2) Report IEA-PVPS T1-31:2017 SNAPSHOT 2016
3) 経済産業省「長期エネルギー需給見通し」(2008年5月)
4) 経済産業省「長期エネルギー需給見通し」(2015年7月)
5) 改訂FIT法による制度改定について─経済産業省・資源エネルギー庁
https://www.enecho.meti.go.jp›kaitori›fit_2017›setsumei_shiryou
6) 平成22年度再生可能エネルギー導入ポテンシャル調査報告書(平成23年4月)
https://www.env.go.jp/earth/report/h23-03/chpt3.pdf
7) http://denryoku-gas.jp/utility/tepco/kwh-price,https://kepco.jp/ryokin/unitprice/,他
8) 総合資源エネルギー調査会 発電コスト検証ワーキンググループ,「長期エネルギー需給見通し小委員会に対する発電コスト等の検証に関する報告(案)」(2015年4月)
9) 新エネルギー・産業技術総合開発機構新エネルギー技術開発部／「2030年に向けた太陽光発電ロードマップ(PV2030)に関する見直し検討委員会」,
http://www.nedo.go.jp/content/100080327.pdf
10) SOLAR WARE 3200ER/2500ER/1250ER/TMEIC, http://www.tmeic.co.jp/product/pv_pcs
11) NEDO「架台設計支援計算ツール操作説明書(2011年10月)」,
www.nedo.go.jp/content/100187367.pdf
12) 「電力品質確保に係る系統連系技術要件ガイドライン」,2016年7月28日, 資源エネルギー庁
13) H.Konishi,T.Iwato,and M.Kudou,"Development of Large-Scale Power Conditioner in Hokuto Mega-Solar System",25th EU-PVSEC/WC PEC-5,5AO7.2, Sept.6-10,2010 Feria Valencia,Valencia Spain
14) 内山, 小西, 伊東／「大規模太陽光発電システムの無効電力制御による電圧変動抑制」(電気学会, Vol.130, No.3, 2010年3月)
15) 「系統連系規定」(2013年追補版(その2), 一般社団法人日本電気協会系統連系専門部会
16) 須々木, 竹ノ下, 大屋, 原田, 園部, 宮崎, 伊藤／「大容量太陽光発電設備向けリアルタイム出力制御システム」(『日立評論』, 2017 Vol.99 No.2)
17) https://blog.eco-megane.jp›電力系統
18) http://www.caiso.com/Pages/default.aspx
19) http://kenkou888.com/category18/entry354.html
20) https://www.city.wakkanai.hokkaido.jp›kankyo›energy›solar
21) S.Miwa,et.al.,"Introduction of Wakkanai Mega-Solar Project",50-C6-04,PVSEC-17,Fukuoka, (2007)
22) https://www.itmedia.co.jp/smartjapan/articles/1509/24/news065.html
23) 国立研究開発法人産総研福島再生可能エネルギー研究所／郡山市,www.city.koriyama.fukushima.jp
24) 小西, 大谷, 橋本, 菅原, 鈴木／「大型PCSのHILSテストシステムの構成検討」, 平成30年電学会全国大会予稿No.6-277 (2018年3月)
25) 産総研／「福島再生可能エネルギー研究所」の設立について, www.aist.go.jp/aist_j/news/pr20130925_2.html

2.2 風力発電

「風力発電」は，資源（風）の枯渇がなく風がある限り連続発電が可能で，経済性が確保できる可能性のあるエネルギー源である．

陸上設置の風力発電の導入量は年々増加傾向にあり，洋上設置の風力発電についても「海洋再生可能エネルギー発電設備の整備に係る海域の利用の促進に関する法律」（再エネ海域利用法）の施行により，今後の導入拡大が注目される．

また，風力発電の導入拡大に際しては，設備の健全性・安全性の確保がより重要になるため，適切な運転管理と維持管理が求められてくる．

2.2.1 日本の風力発電設備の導入状況

（1）風力発電設備の導入量

「日本風力発電協会」（JWPA）の調べによると，2019年12月末の日本の風力発電導入量は，累計で392.3万kW（3,923MW），2,414基，457発電所，2019年単年の導入量では27.0万kW（270MW），104基，17発電所だった（**図2.14**，**図2.15**）．単年の導入量としては2019年と同程度で推移しており，導入が伸び悩んでいる状況がわかる．

一方，2019年12月末時点で「環境影響評価法」（環境アセスメント法）で規定されている手続きのうち，計画段階環境配慮書手続き以降の段階にある案件は全体で263件，2,916万kWとなっており，うち洋上風力は約1,398万kWである[1]．

また，20kW以上の風力発電設備のうち「電気事業者による再生可能エネルギー電気の調達に関する特別措置法」（FIT法）の認定容量は，2019年9月末時点で約718万kW超であり，うち洋上風力は，資源エネルギー庁公表情報によれば25万kW超に達し，導入拡大の兆しがみられる．

（2）風力発電導入の課題

2012年7月のFIT法施行から3か月後，「改正環境影響評価法」（改正環境アセスメント法）が風力発電にも適用され，その手続きには長い期間（4〜5年）と費用が伴うことが影響して，大規模案件の開発が長期化している．

FIT法の開始以降，風力発電の発電コストは世界では急速に低下しているが，日本では高止まっている状況があり，系統制約（容量面・変動面），環境アセスメント手続きの迅速化や開発段階での地元調整などにかかる高いコストなどが課題として挙げられる．また，風力発電設備のメン

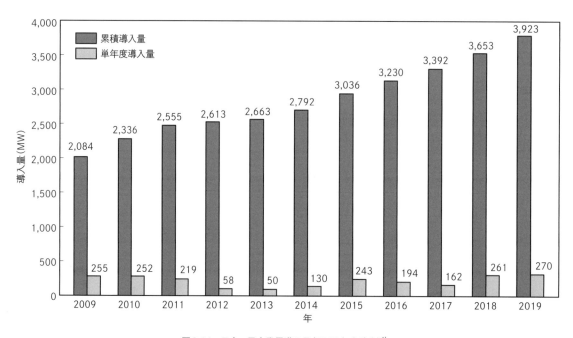

図2.14　日本の風力発電導入量（2019年末時点）[1]

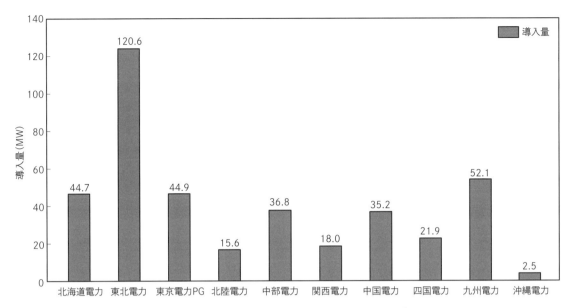

図2.15　一般送配電事業者管内別導入量(2019年末時点)[1]

テナンス関連の人材不足も指摘されている.

(3)洋上風力発電導入拡大に向けた動向

　洋上風力発電の場合,①海域の占用に関する統一的なルールがない,②地域の先行利用者との調整の枠組みが存在しない,などの海域利用に関するルールが整備されていないことが,これまで導入量が伸び悩む一因になっていた.

　そこで,国は2019年4月1日に一般海域での洋上風力発電利用ルールなどを定める再エネ海域利用法を施行した.これにより,洋上風力導入に向けた動きが本格化する準備が整いつつある.

　再エネ海域利用法は,洋上風力発電事業の実施可能な促進区域を指定し,公募で選定した事業者に海域の長期占用を認める.占用期間は最大で30年間を担保しており,長期的な事業計画が立てやすく,資金調達もしやすくなるため,発電事業者にとっては事業の安定性を確保でき,今後の洋上風力拡大が加速するものと期待されている.

2.2.2　風力発電設備のメンテナンス

(1)定期安全管理検査制度

　①定期安全管理審査制度の概要

　風力発電設備の増加に伴い,風車の倒壊やブレード破損などの事故が近年増加傾向にあり,今後の風力発電設備の導入拡大に対応して設備のメンテナンス体制を整備する必要性から,2017年4月1日に「定期安全管理検査制度」が施行された.

　これは,単機出力500kW以上の風力発電設備にかかわる定期事業者検査について,経済産業大臣の登録を受けた登録安全管理審査機関が,定期安全管理審査によりその検査品質を確認すると共に,事業者の保安力を評価するものである.

　登録安全管理審査機関が行なった審査結果は国(所轄の産業保安監督部)に通知され,その評定結果が設置者に通知される.

　設置者は,3年ごとに定期安全管理審査を受審する必要があるが,定期事業者検査の実施につき十分な体制(継続的な検査実施体制)が取られていると評定された組織については,受審周期を6年に延長する制度(インセンティブ制度)を活用できる(**表2.7**).

　なお,定期安全管理審査には,**表2.8**に示す関係法令などの最新版を適用する.

　②定期点検

　定期点検の内容は,「定期事業者検査の方法の解釈」(定検解釈)に基づいて,公共の安全にかかわる①タワー倒壊などの支持物不具合,②ロータ過回転,③ハブ・ナセル落下,④ブレード飛散な

表2.7　定期安全管理検査制度の概要[2]

検査対象の風車の規模		単機出力500kW以上の風力発電設備
定期事業者検査	検査項目	42項目(部位)
	検査の周期	部位ごとに半年・1年・3年程度の周期を推奨
定期安全管理審査	審査の周期	事業者の保安力に応じ審査の周期を延伸(インセンティブ)
		保安水準(第1段階):3年
		保安水準(第2段階):6年
	事業主体	事業主体国または登録安全管理審査機関

表2.8　関係法令

	法令等名	文書番号
1	電気事業法	昭和39年法律第170号
2	電気事業法施行令	昭和40年政令第206号
3	電気事業法施行規則	平成7年通商産業省令第77号
4	電気設備に関する技術基準を定める省令	平成9年通商産業省令第52号
5	発電用風力発電設備に関する技術基準を定める省令	平成9年通商産業省令第53号
6	電気設備の技術基準の解釈	20130215商局第4号
7	発電用風力発電設備の技術基準の解釈について	20140328商局第1号
8	電気事業法施行規則第94条の3第1項第1号及び第2号に定める定期事業者検査の方法の解釈	20170323商局第3号
9	使用前・定期安全管理審査実施要領(内規)	20170323商局第3号

ど，⑤火災事故を防止するために検査対象の42項目(部位)と，「平成27年度未利用エネルギー等活用調査(風力発電設備の維持及び管理の動向調査)報告書」で実施が推奨されている7項目について検査するものである．

その詳細については，「風力発電設備の定期点検指針」(JEAG5005-2017)(指針)に規定された点検の目的や方法，内容，点検周期・時期，留意事項を参照して実施し，指針以外に風車メーカーの点検マニュアルに推奨点検項目がある場合は，点検実施を検討するのが望ましい．

定期点検で損傷などが確認された場合は，風車メーカーの技術資料などに基づき，ただちに適切な交換・修理などの処置を取る．

③定期事業者検査

定期事業者検査では，設置者が「具体的な検査の方法及び判定基準」を明確にした定期事業者検査要領書を作成し，検査員が定期点検の結果を判定基準に照らし合わせて合否判定し，その結果を記録して保管する．

定期点検の記録については，定期事業者検査だけでなく定期安全管理審査も見定め，定期事業者

検査要領書，定検解釈42項目，推奨7項目との整合性が確認できるよう記載する．

(2)風力発電機の運転管理・保守点検

風力発電設備は，ナセル落下やブレード破損などの事故発生時に，第三者に及ぼす被害や損害が甚大であるため，風力発電事業者は風力発電設備の健全性や安全性確保のために確実な「運転管理・保守点検」(O&M = Operation & Maintenance)を実施する必要がある．

また，風力発電設備の構成要素は1～2万点に及ぶが，故障や事故が発生すると予備部品の在庫状況や気象条件，人員不足などの理由で交換・修理などに時間を要する場合が多い．

近年，風車は大型化(ブレード長翼化，タワー延伸化に伴うナセル高度の上昇)し，故障や事故発生時の交換・修理の費用と停止時間(ダウンタイム)に対する損失は増加傾向で，発電事業に与える影響は大きくなっている．

とくに洋上設置の場合，陸上設置に比べて風力発電機までのアクセス性や作業性が悪く，気象や海象の状況によっては，停止時間がさらに長期化する場合がある．発電事業者にとって，風力発電

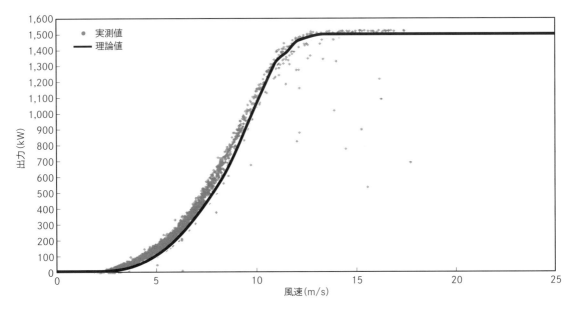

図2.16　ブレード損傷による出力特性の変化(竣工時)

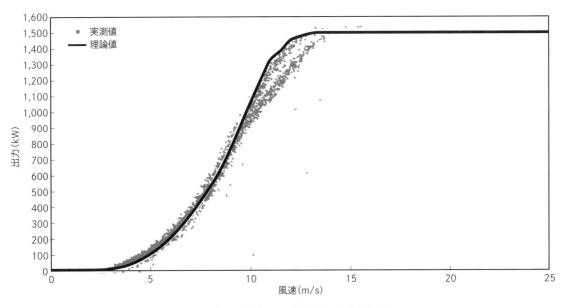

図2.17　ブレード損傷による出力特性の変化(経年後)

設備の故障や事故を予防して停止時間を最小限にする適切な O&M は，採算性確保のためにより重要になる．

①ブレードのメンテナンス

ブレードは，風力発電のエネルギー変換の流れの入口であり，風の運動エネルギーを受け止める重要な構成要素である．風雨に曝されて損傷も多く，それによる出力低下や騒音発生，最悪の場合には破損に至る恐れもあるため，定期的なメンテナンスが重要である．

ブレードの損傷による出力低下は，風速と発電出力の関係をグラフ化した出力特性（パワーカーブ）を作成し，理論値からの逸脱度合で検知することが可能である．

理論値からの逸脱事例として，竣工時の出力特性と経年後の出力特性を図 2.16，図 2.17 に示す．

積層部の剥離

エッジ部の剥離

写真2.1　ブレードの損傷状況

経年後の出力特性では，風速10〜14m/sの範囲で理論値から逸脱していることが確認できる．

　ブレードの損傷内容としては，表面剥離，ピンホール，クラックなどがあるが，その原因はエロージョン（雨滴や砂塵などがブレードに衝突し表面を侵食）の他，直撃雷やバードストライク，経年劣化などが挙げられる．**写真2.1**は，ブレード積層部とエッジ部の剥離例である．

　ブレード損傷の補修手段としては，多くはロープアクセスや重機使用（ゴンドラ，スカイボックス）になるが，損傷度合によってはブレードを下架しての補修が必要になることもある．

　さらに，重機の使用やブレード下架の場合は，地権者との交渉や農地転用許可申請などの諸手続きが必要になることがあり，修繕まで長期停止せ

ざるを得ない場合もある．

　ロープアクセスによるブレード補修を**写真2.2**に，ブレード補修後のブレードの状況を**写真2.3**に，改善した出力特性を**図2.18**に示す．

　ブレードの異常を初期段階で検知して早期に補修すれば稼働率は高まり，設備利用率は向上する．また，ブレードを健全な状態に保つことは，風切り音の増大による近隣への騒音問題や，ブレード破損による破片落下で第三者に被害が及ぶことを未然に防止することにもつながる．ブレード補修は，風力発電設備の健全性・安全性を確保するために必要な処置である．

　②ドローン活用によるブレード点検

　ブレードの点検は，人手によるロープアクセスや重機を使った目視点検が主流だが，高所作業の

写真2.2　ロープアクセスによるブレード補修の様子

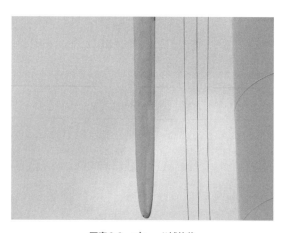
写真2.3　ブレード補修後

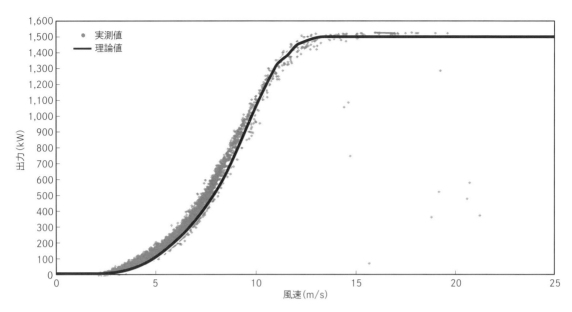

図2.18　ブレード損傷による出力特性の変化（ブレード補修後）

ため墜落の危険がある．また，ロープアクセスでは，点検するブレードを真下6時方向に固定した状態として，ブレードの根元から下降しながら目視点検する．

　1翼終了すると，次のブレードを真下6時方向に回転させ同様の目視点検を実施するため，作業は長時間になる．これを改善するため，「ドローン」を活用したブレード点検が注目されている．

　従来のロープアクセスや重機使用では，一日1〜2基（ブレード3〜6翼）の点検が限界だったが，ドローンによる点検は，ロータを固定した状態で1基3翼のブレードを一連の流れで撮影でき，一日5〜7基（ブレード15〜21翼）程度の点検が可能になり，従来の点検と比較してコスト削減・工期短縮がはかれる（**写真2.4**）．

　③増速機（ギヤボックス）の交換
　増速機はナセル内に収容されて，ロータ回転数を発電機に必要な回転数まで上げる重要な構成要素だが，経年変化で歯車や軸受が損傷して鉄粉が排出し，それがフィル

タの目詰まりや場合によっては内部の機械的破損・破断を起こし，回転不能になって設備を停止せざるを得ないこともある．

　交換やオーバーホール時に増速機を下架する場合，重機の使用は必須で，ブレードの場合と同様に地権者交渉，農地転用許可申請などの諸手続きが必要になる（**図2.19**）．

　また，増速機は量産品ではないため，交換部品や修理部品の在庫状況によっては納期に時間がか

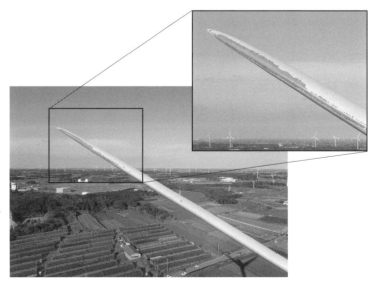

写真2.4　ドローンで撮影したブレード損傷の状況

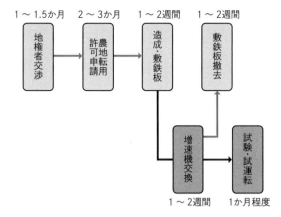

図中のラベル：

1～1.5か月：地権者交渉
2～3か月：農地転用許可申請
1～2週間：造成・敷鉄板
1～2週間：敷鉄板撤去
1～2週間：増速機交換
1か月程度：試験・試運転

図2.19　増速機交換工事の流れ(例)

かり，長期停止を余儀なくされる場合がある．そのため，停止時間を最小限とするよう適切なO&Mおよび修繕計画がきわめて重要になる．

　増速機を下架する場合，まずロータハブの下架が必要で，次にナセルカバーを外してナセル上部を開口した後，増速機の下架に取りかかる．ロータハブや増速機の重量にもよるが，550ton 級の大型クレーンを使用する大がかりな作業となるため，綿密な施工計画を立てて安全・環境対策を行なう必要がある（**写真 2.5**，**写真 2.6**）．

(3)風力発電設備の事故事例

　近年，風力発電設備の増加に伴ってナセル落下事故やブレード破損事故などが増加している．最近では，2018 年の台風 20 号で兵庫県淡路市の風力発電設備が倒壊した事故は記憶に新しい．**写真**

2.7 は，風力発電設備のブレード破損例である．

　万が一，ナセル落下やブレード破損などの事故が発生した場合は，管轄する産業保安監督部長に対して，事故の発生を知った時点から電気事故速報を 24 時間以内，電気事故詳報を 30 日以内に提出することが義務付けられている．

　なお，公共の安全確保の観点から経済産業省は，懸念される事故が発生していることに対して，専門家会議「新エネルギー発電設備事故対応・構造強度ワーキンググループ」（産業構造審議会保安・消費生活用製品安全分科会電力安全小委員会）を設置，風力発電設備を含む新エネルギー発電設備全般の事故の原因究明や今後の対応策，技術基準の改正などの制度改正について検討している．

　ワーキンググループの資料については，経済産業省のホームページで公開されているので参照されたい．

(4)今後のメンテナンス技術の展望

　従来の設備保全は，故障や事故が発生した後に正常な状態に修復させるためにメンテナンスを行なう「事後保全」（BM = Breakdown Maintenance）が主流だったが，近年の技術の発展によって，故障や事故の発生を未然に防止するためのメンテナンス「予防保全」に移行している．

　予防保全は，一定の時間間隔でメンテナンスを実施する「時間基準保全」（TBM = Time Based Ma-intenance）と，設備の状態を診断して必要なと

下架作業

全景

写真2.5　ロータハブ下架の様子

きに必要な部分のメンテナンスを実施する「状態基準保全」（CBM = Condition Based Maintenance）の2つに分類される．

日本の風力発電設備は，故障や事故によるメンテナンスのための停止時間が長くなる傾向があり，稼働率水準も設備利用率も低いため，状態基準保全を適用することが望まれている．

風力発電設備の監視システムには，風力発電機の機能の監視や制御を行なう「監視制御およびデータ収集」（SCADA = Supervisory Control And Data Acquisition）システムと，構成機器状態からその健全性を監視する「状態監視システム」（CMS = Condition Monitoring System）がある．

CMSは，振動，変位，温度など各種センサで状態を監視して構成要素個別の異常を予兆検知できるが，異常検知用センサの設置に大きなコストがかかり，解析システムも高額で，風力発電設備全体への適用は現状ではコスト面で難しい．

一方，SCADAはCMSに比べるとデータ収集量が少ないため，構成要素の異常を予兆検知することは難しいが汎用性は高く，多くの風力発電設備に導入されている．最近はセンサの小型化・低廉化が進み，今後の解析技術の向上により低コストで異常の予兆検知が可能になると思われる．

洋上風力発電の本格的な導入を直前に控えて，IoTやAIの活用などメンテナンス技術のさらなる進展が期待される．

写真2.6　増速機下架の様子

引用・参考文献
1) 日本風力発電協会（JWPA）／「日本の風力発電導入量（2019年末時点）」（2020年1月15日）より作成
2) 日本電気協会／「風力発電設備の定期点検指針」（JEAG5005-2017）
3) 経済産業委員会調査室　薄井繭実／「風力発電メンテナンスにおける担い手の育成―AIを活用したメンテナンス技術の導入―」（立法と調査 2019.11 No.417 参議院常任委員会調査室・特別調査室）

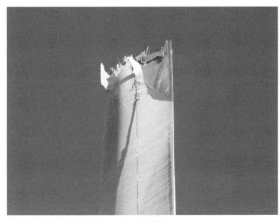

ブレード破損部

落下ブレード

写真2.7　ブレード破損の例

2.3　中小水力発電

石油，石炭などの化石燃料は有限なエネルギー資源であるが，太陽光や太陽熱，水力，風力，バイオマス，地熱などは一度利用しても比較的短期間に再生でき，資源は枯渇しない．これらは「再生可能エネルギー」といわれている．

再生可能エネルギーは，温室効果ガスを排出せず，国のエネルギー安全保障にも寄与できる低炭素の国産エネルギー源であるため，重要性が高まっている．

一方，現実には「固定価格買取制度」が施行されて以来，想定したほど再生可能エネルギーの普及は進んでいないのが現状である．そのため，温室効果ガスの排出量は増加の一途を辿っている．

このような状況から，持続可能な社会に向けて"2015年12月のパリ協定に基づき，温室効果ガス排出の実質ゼロを目指す"ことが国際的な潮流になりつつあり，各国は削減目標や長期戦略，適応計画などの策定が求められることになる．

こうしたことから，再生可能エネルギー普及に向けた技術開発のさらなる推進，市場拡大による量産効果などにより，発電コストをいっそう低減していくことなどが求められる．

2.3.1　水車発電の種類と特徴

水車は，羽根に高速の水流を当ててランナを回す「衝動形」，水流の反力を利用してランナを回す「反動形」がある．さらに衝動形には「ペルトン水車」や「ターゴ水車」，反動形には「フランシス水車」（遠心型）や「プロペラ水車」（軸流型）がある（図2.20）.

(1)ペルトン水車

大工で機械技師のレスター・アラン・ペルトンが1870年に発明し，1880年に最初の特許を取得した．「ペルトン水車」の名称は彼の名に因む．

1800年代のアメリカ西部は"ゴールドラッ

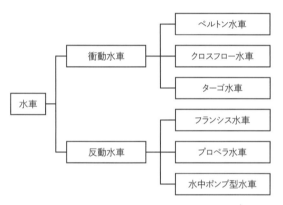

図2.20　水車の分類

(a)初期の形状
(出典：H.K.BARROWS, 1927. Water Power Engineering)

(b)現在の形状
(出典：田中水力㈱製)

写真2.8　初期と現在のバケットの形状

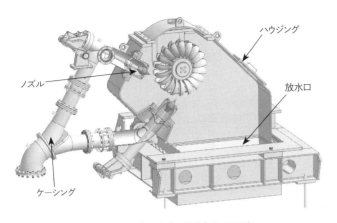

図2.21　ペルトン水車の構造（HP-1R2N）

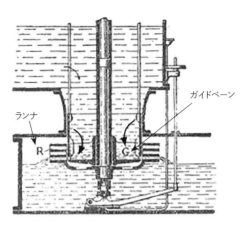

図2.22　フルネーロン水車の構造

シュ"の時代で，鉱山では高落差の水を高速ジェットとして土塊に噴射しながら崩して砂金を採取していた．その後，このジェット水流の力を利用して水車を回し，その動力を鉱山に使用するようになったといわれている．

　最初のバケットは平板を使用したが効率が悪く，その後お椀型に改良された．あるとき，ノズルの調整不良で水流が偶然お椀の端に当たったときのほうが，正規の状態つまりお椀の中心に当たる場合よりも性能が向上することがわかり，お椀の真ん中に仕切りを入れたといわれ，そして現在の形状になった（**写真 2.8** 参照）．

　その後ペルトン水車は世界各地に広まり，日本でも琵琶湖疏水を利用して国内初の営業運転を行なった「蹴上発電所」や，黒部ダムをいただく「黒部川第四発電所」など，ペルトン水車を採用した水力発電所は数多い（**図 2.21**）．

　ペルトン水車は一般的に，150 〜 1800m の高落差発電所に適用される水車で，大気中で衝動作用により水動力をランナに伝えるのが特徴である．このような水車を「衝動水車」という．

(2) フランシス水車

　1823 年，フランスの技術者ブノワ・フルネーロンは，初めて水車の内側から外側に向かって水を流す水車（フルネーロン水車，**図 2.22**）を開発した．

　その後，1849 年にアメリカの技術者フランシスが改良して，フルネーロン水車とはまったく反対に水車は外側から中心に向かって流入し，軸方向に流出する水車を開発した（**図 2.23**）．

　このような経過を辿り，現在のフランシス水車の構造となった（**図 2.24** 参照）．フランシス水車

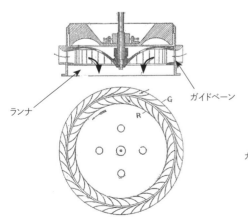

図2.23　初期のフランシス水車の構造

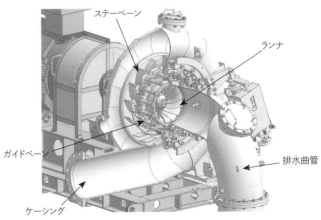

図2.24　横軸単輪単流渦巻フランシス水車（HF-1RS）

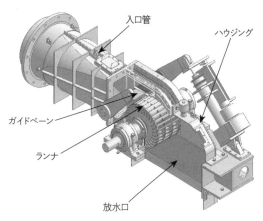

図2.25　クロスフロー水車の構造

は一般的に中落差発電所に適用され，衝動と反動の両作用によって水中で水動力をランナに伝えるのが特徴である．このような水車を「反動水車」といい，日本の水車の約80%がこのタイプである．

(3) クロスフロー水車

「クロスフロー水車」は，オーストラリアの技術者ミッチェルが発明，20世紀初頭にドイツでバンキが特許を取得し，オズバーガー社のバヴァリアがこれに改良を加え，ほぼ現在の形になった（図2.25参照）.

主要部は，図のように細長い羽根を外周に配列したランナと，1～2枚のガイドベーン（流量調整できる機構）からなる．また，外側のカバーを外すだけでランナを点検でき，除塵も容易な簡単な構造になっている．

(4) ターゴ水車

「ターゴ水車」(turgo turbine)は，中程度の有効落差向けに設計される衝動水車の一種である．1919年にギルケス社が，高速度衝動水車の設計を発想し，1926年にイギリスの特許を取ったとされている．

表2.9に，ターゴ水車および各水車の特徴を示した．ターゴ水車はペルトン水車と違い，ジェット流がバケットの背面に当たり，前面に放流するタイプの水車で，設置場所の条件によっては，ペルトン水車やフランシス水車よりも有利になる点がある（図2.26参照）.

図2.27の水車型式選定図から，ターゴ水車が適用できる有効落差範囲は，ちょうどペルトン水車やフランシス水車の能力が重なる部分である．

海外ではターゴ水車を採用した大規模水力発電所が多く存在するが，国内ではとくに低メンテナ

表2.9　各水車の特徴

		ターゴ水車	フランシス水車	ペルトン水車
特徴	軽負荷特性	きわめて良好	悪い	ターゴとほぼ同じ
	水車価格	安い	高い	やや高く，落差が低いと著しく高くなる
	回転数	ペルトンの2～3倍（発電機価格が安くなる）	ターゴとほぼ同じ	著しく低い（発電機価格が顕著に高くなる）
	落差の適用範囲	20～250m（使用水量による）	15～200m（使用範囲は広い）	技術的には30m以上であるが，機能性，経済性から150m以上が望ましい．
	水圧上昇率	デフレクタによりきわめて小さく抑えることができる	大きい(低いNs機)場合，水車特性上回転上昇が流速を急減させ，大きい水圧上昇を起こさせる	ターゴとほぼ同じ
	余水路の省略	デフレクタにより省略可能（これによる総工事費の低減は著しい）	一般に省略することはできない	ターゴとほぼ同じ
	据付け調整	きわめて簡単	構造が複雑で可動部分が多く，精度を要する	ターゴとフランシスの中間
	磨耗による効率低下	微妙なクリアランスを要せず，耐磨耗性が高く，長期にわたり効率低下は少なく，土砂の多い河川にも適する	クリアランス部の磨耗およびキャビテーションによる効率低下は無視できない	ターゴとほぼ同じ
	日常保守および補修	日常保守をほとんど必要とせず，補修も容易である	構造が複雑で可動部分が多く，保守・補修に多くの時間と費用を要する	保守はターゴとほぼ同じだが，補修の容易性は劣る

ンス費用が望まれるマイクロ水力発電向けとしても好評である.

一般的にターゴ水車は, 60〜200mの中高落差発電所に適用される一種の衝動水車である(**写真2.9**, **写真2.10**). ターゴ水車のランナは, ペルトン水車のランナを半分に輪切りにしたようにも見える. 比速度はペルトン水車の2〜3倍なので, 同じ出力を得るために必要なランナ直径は, ペルトン水車の半分程度で済む.

さらに, ノズルより入射してランナから排出された水が他の羽根に干渉することがないので, ペルトン水車のようなジェット水流の干渉がない(**図2.28**参照).

ターゴ水車の比速度は, ペルトン水車とフランシス水車のほぼ中間にある. ジェット水流を噴射するノズルは, 1本ないし複数本設けられる. これは, ノズル数の平方根分だけ水車の比速度は上昇するためで, たとえば, ノズルを4本とした場合の比速度は, 同じランナでノズル1本とした水車の2倍となる.

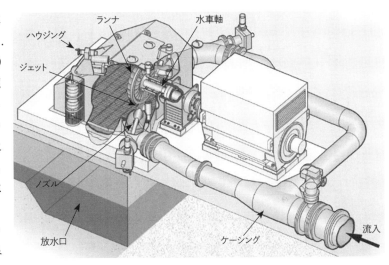

図2.26　HT-1R2N横軸単輪2射ターゴ水車(現在の構造)

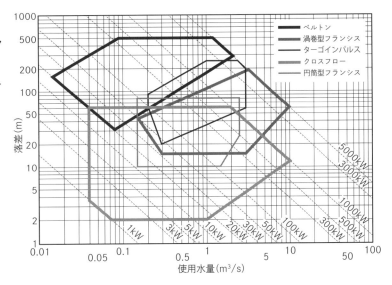

図2.27　水車型式選定図

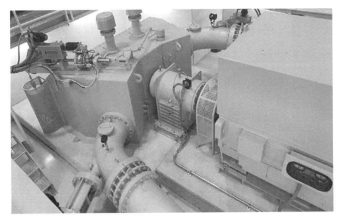

写真2.9　ターゴ水車概観

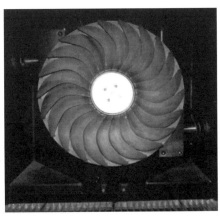

写真2.10　ターゴ水車ランナ

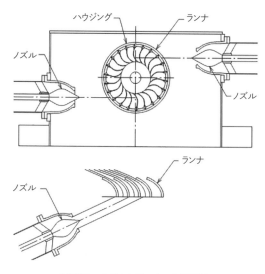

図2.28 ノズルとランナの位置関係

次式の比速度 N_s で説明すると，有効落差 H は変わらないものとして，ノズル数は出力 P に比例するので，比速度が上昇することがわかる．

$$Ns = N\frac{\sqrt{P}}{H^{\frac{5}{4}}}(m - kW)$$

H：有効落差(m)
P：水車出力(kW)
N：回転速度(min^{-1})

こうしたことから，従来の2射ターゴ水車から3射あるいは4射ターゴ水車に改良することで，適用範囲を拡大できる．これは，ペルトン水車にもいえることだが，据付スペースやノズルの配置を考えると，ターゴ水車のほうが有利であることを次にみていく．

2.3.2 中小水力発電計画に関する留意点

近年，農業用水路や水道施設を利用した発電が多くなってきた．これは，既存の設備を最大限利用することでコスト低減につながるためである．

農業用水路では，木っ端や水草などのゴミが多量に河川に流れ込むことがよくあり，それらがしばしば水車のガイドベーンに詰まり，起動渋滞や運転中にガイドベーンの動きが鈍くなる．

そのため，ガイドベーン・サーボモータに過トルクが働き，ガイドベーン操作機構を保護する弱点ピンが折損したりする．また，洪水時に多量に土砂が流れ込み，水車内部の部品が摩耗や損傷を起こして部品交換に至ることがある(**写真2.11**)．

一方，水道施設ではこれらの問題はなく，安定した運転を継続でき，高い稼働率を維持できる．

農業用水を利用した水車の機種として，従来フランシス水車やクロスフロー水車が多数採用されているが，とくにフランシス水車は先のようなトラブルのため水車の分解点検や手入れが必要で，運転稼働率低下の大きな要因となっている．

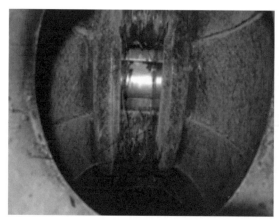

ガイドベーンに木っ端が詰まる

土砂摩耗部

ランナ背部に土砂摩耗が起こる

河川を使用した水車内部

写真2.11 水車内部のゴミ詰まりと土砂摩耗

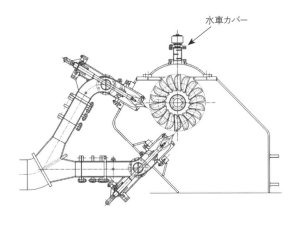

図2.29　ペルトン水車正面図

写真2.12　ペルトン水車

最近は水圧管の材料として，FRPM管（強化プラスチック複合管）や高密度ポリエチレン管がよく使われる．勾配が緩やかな農業用水路の落差を得るために水圧管を長くすることがあるが，この条件下でフランシス水車を採用する場合，水撃圧による水圧管の強度不足が懸念される．

これらの問題を解消できる水車として，衝動水車であるペルトン水車やターゴ水車が挙げられるが，とくにターゴ水車はペルトン水車に比べてメンテナンスが容易で，さらに運転稼働率が最も良いとされる．

ターゴ水車の適用について，詳細にみていく．

(1)適用範囲と経済性

ペルトン水車，ターゴ水車の比速度 N_s は，おおよそ次の範囲で決められている．

ペルトン水車　　　$8 \leqq N_s \leqq 25$　m-kW
ターゴ水車　　　　$50 \leqq N_s \leqq 80$　m-kW

ターゴ水車の比速度 N_s はペルトン水車より高く取れるので，回転速度 N はペルトン水車の回転速度の2〜3倍にでき，発電機の価格は安くなる．

(2)メンテナンスと経済性

①水車内部点検の手法

ペルトン水車の内部点検は，水車カバーを開放して点検するのが一般的であるが，下側にあるノズルの点検が困難で，そのためランナを吊り出す必要がある（図2.29，写真2.12）．

一方，ターゴ水車は，図2.30，写真2.13の点検ホールからアクセスが可能で，水車内部全般の点検が容易である．したがって，点検時間を短縮できるのが利点といえる．

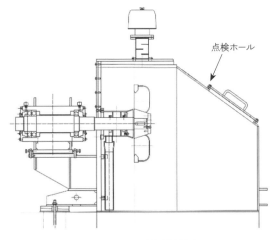

図2.30　ターゴ水車側面図

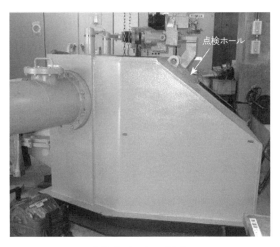

写真2.13　ターゴ水車

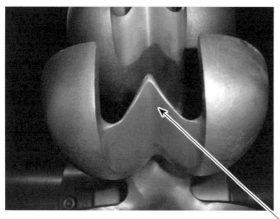
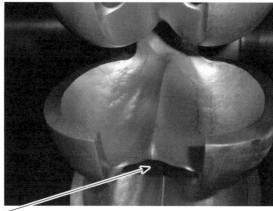

仕切部が土砂摩耗で丸みを帯びている状態

写真2.14　ペルトン水車のバケットランナ

②ランナの摩耗比較

写真**2.14**は，土砂で摩耗したペルトン水車の
バケットランナ部分を拡大したもの．バケットの
摩耗が大きくなれば，それだけ出力低下を招く．
図**2.31**に示すノズルとランナの関係を見ると，

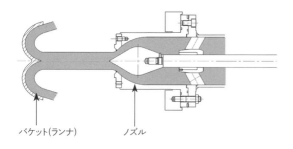

バケット(ランナ)　　ノズル

図2.31　ノズルとランナの関係

ノズルから噴出した水は，ペルトンランナの中央
の仕切部に対し垂直に水が当たっているので，摩
耗が進行しやすいことがわかる．

摩耗が進行すると写真のように仕切部に丸みが
生じ，水がこれに当たることで衝突損失となり，
効率低下を招いて出力低下につながる．

一方，ターゴ水車は水の流入角度は25°で，数
枚の羽根に同時に当たることから，1枚あたりの
摩耗量が小さい(**写真2.15**参照)．

(3) ターゴ水車の展望について

①水車構造の改良による経済性の向上

ターゴ水車の特徴として，ハウジングの大きさ
が他機種に比べてきわめて広いことがある．これ
は，ランナから放出された水が障害なくスムース

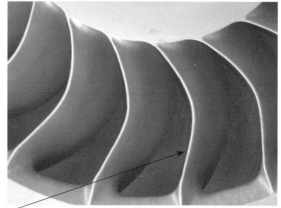

摩耗量が小さい

写真2.15　ターゴ水車のランナ

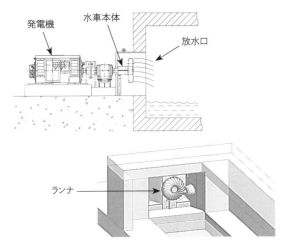

図2.32　放水口分離型ターゴ水車

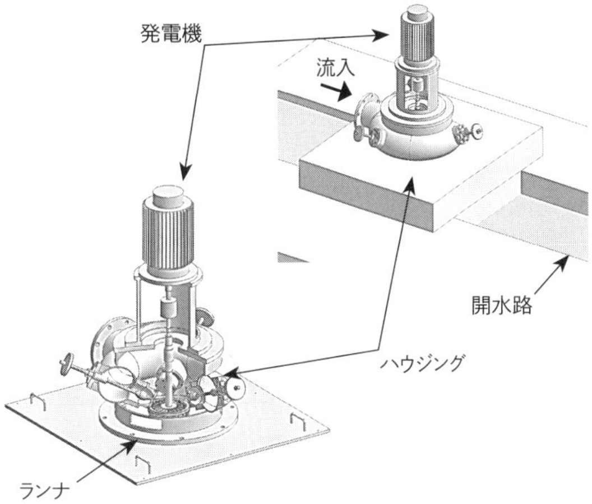

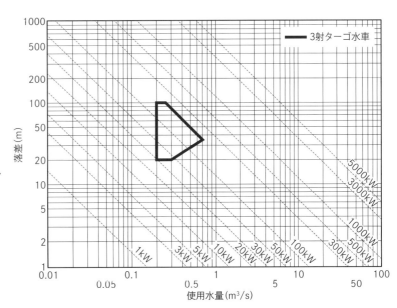

図2.33　3射ターゴ水車

に流れるよう放水口を広くしたためである.

　ただし，大容量となるとハウジングの製作費が高くなり，据付スペースの確保が困難になる．また，設置工事期間が長くなることや建設費が高額になる.

　そこで，水車構造を簡素化した低コストのターゴ水車を提案する.

　図2.32は，放水口分離型構造のターゴ水車で，従来はハウジングを2分割し，溶接あるいはボルトで固定接続していたが，これは水車本体を放水口に直接接続することで発電所建屋を小さくでき，機器の低価格化やメンテナンス効率の向上など大幅なコスト低減が可能になる.

　②3射ターゴ水車の開発による適用範囲拡大

　近年，低圧連系の発電プラントが増加傾向にあり，とくに農業用水の既設開水路に設置できる水車が増えつつある．そこで，簡易で安価なターゴ水車を提案する.

　3射ターゴ水車（**図2.33**）は，40ページの比速度の式から，従来の2射の回転速度を上げることができ機器の小型化がはかれることや，縦軸構造とするため発電機を上部に取り付けることができ，開水路に設置できる.

　また，ノズルを2射から3射にすることで，ランナの大きさを変えずに使用水量を増やせるので，高い出力が得られる．**図2.34**は，3射ターゴ水車の適用範囲を示している.

　3射ターゴ水車は，構造的に円環とノズルを組み合わせることで導水管から直接流入できるため，ケーシングを省略できる.

　これらのことから，機器のコスト低減と設置土木費用を低減できると考える.

図2.34　3射ターゴ水車の適用範囲

2.3.3 中小水力発電の今後

2019年9月，アメリカ・ニューヨークの国連本部で開かれた環境関連会合で，小泉進次郎環境大臣(当時)は脱炭素社会構築に向けた環境省の取組みについて紹介した.

また，東京都などが2050年までに二酸化炭素の排出量を実質ゼロにするとの目標を掲げていることを紹介して，"都市の脱炭素化は重要だ"と強調し，「私たちの都市，国，世界の脱炭素化を一緒に達成したい」と訴えている.

これは，2015年9月の国連サミットで採択された「持続可能な開発のための2030アジェンダ」で記載された，2016年から2030年までの国際目標である(図2.35参照).

図の「7. エネルギーをみんなにそしてクリーンに」という内容で，目標が"すべての人々の，安価かつ信頼できる持続可能な近代的エネルギーへのアクセスを確保する"と謳われている.

これは，水力発電に例えると「コスト低減」と「メンテナンスフリー」を目指すことを意味し，すなわち，「ターゴ水車の活用」を意味しているものといえる.

その影響か近年では，海外製水車の導入が盛んになってきた. 確かに価格が安いというだけで安易に購入しているようであるが，日本の風習や気候風土に見合った水車でなければならない. とくにヨーロッパの水車は，効率が高いというだけで評価するのではなく，メンテナンス上問題がないかの検証も必要と考える.

たとえば，ゴミ詰まりや土砂摩耗などの対策がされているか，あるいは部品交換が容易にできるか，それが原因で運転の稼働率を下げてしまう恐れはないか，などである.

今後の中小水力発電や利用の方向として，先の目標に倣って「安価で信頼できる水車」を目指すことが肝心であると考える.

参考文献
1)「中小水力発電技術に関する実務研修会第1回水力発電所の建設計画」／新エネルギー財団(1994年7月)
2)「ターゴインパルス水車の開発」(Gilkes Company Steven Roger)／『ターボ機械』9月号(2005年)
3) H.K.Barrows,／Water Power Engineering',New York and London (McGraw-Hill Book Company,1927)
4) 蘆葉清三郎／「発電所用水力原動機」(早稲田大学出版部,1922年11月)

図2.35　持続可能な開発目標(SDGs)の概要(出典：外務省，平成31年1月)
SDGs(Sustainable Development Goals ＝持続可能な開発目標)

2.4 地熱発電

2.4.1 地熱発電の概要とフラッシュ発電システム
(1)地熱発電の概要

「地熱」という言葉で，とくに日本では温泉を思い浮かべるのではないだろうか．日本にとって地熱は，それほど身近で最も期待されている再生可能エネルギーで，太陽光発電，風力発電と違い昼夜関係なく連続で運転でき，メンテナンスをすれば設備寿命を何十年と維持できることも地熱発電の利点である．

日本の地熱エネルギー量は，図2.36に示すようにアメリカ，インドネシアに次ぐ世界第3位の地熱資源を持つにもかかわらず，そのエネルギー利用量は日本の地熱資源量の2%程度ときわめて低い．

その背景には，図2.37のように新規の地熱有望地点を見つけることから始まり，初期調査で地表調査，掘削による地下構造調査が約5年，井戸の掘削，蒸気の噴気試験が約2年かかる．

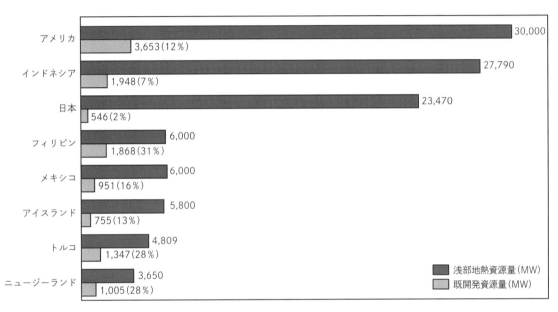

図2.36　各国の地熱資源と地熱発電設備容量

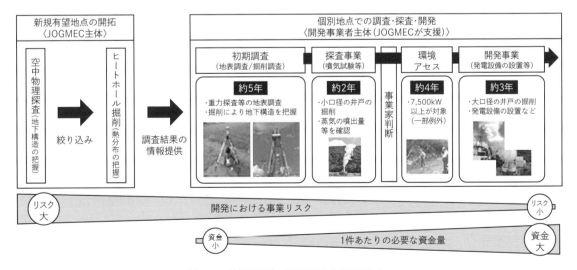

図2.37　地熱発電所の地点探索から運転開始まで

また，7500kW 以上の発電プラントには環境アセスメントが義務付けられ，これが約4年，建設から運転開始まで約3年と非常に時間がかかる．さらに，苦労して掘った井戸から蒸気が出ないということもあり得るため，地熱開発のリスクは高いといえる．

再生可能エネルギー特別措置法の固定価格買取制度（FIT）で地熱発電を導入しやすい環境となったが，2019年8月時点で1,000kW以上の発電容量を持つ地熱発電プラントは，FIT導入後図2.38の枠で囲った7プラントが建設，運転されている．

そのうち，出力10MWを超す大規模地熱発電所は，「山葵沢地熱発電所」の1プラントのみである．また，これらのプラントは，いずれも「新エネルギー・産業技術総合開発機構」（NEDO）などによって，以前に地下資源調査されていた地点である．

世界に目を向けると，地熱発電を積極的に建設している国として，インドネシア，ケニア，トル

コなどがある．インドネシアの地熱発電規模は約2GWであるが，政府は進捗状況が遅いとして2025年までに地熱発電所を7.2GWの発電容量とすることを掲げている[1]．

トルコは，2013年から毎年100MWから200MWずつ地熱発電所を追加する勢いで地熱発電所を建設し，現在1.3GWの発電容量を有する．さらに，2020年までに2GWの発電容量を目指している[2]．

ケニアは，地熱発電が国に占める発電全体の約50％を賄っている．元来は水力の割合が多かったが，乾季が長くなりその割合が減少していることが背景にある．

そこで，ケニアは今後も地熱発電を重要な電源と位置付け，半官半民の電力会社であるKenGenと独立系発電事業者（IPP = Independent Power Producer）が地熱発電所を建設する計画を持っている[3]．

地熱資源は火山性の地熱地帯で，マグマの熱で

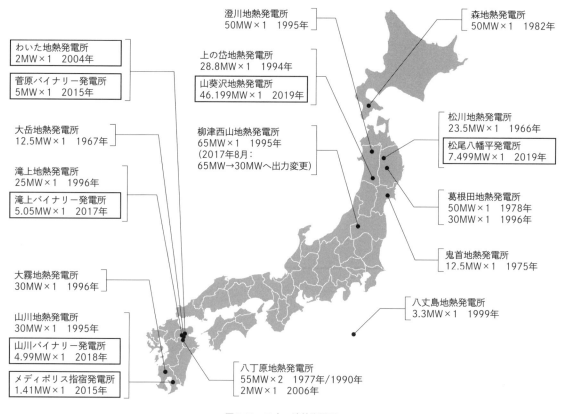

図2.38　日本の地熱発電所

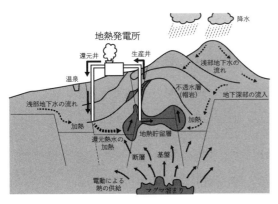

図2.39　地熱発電のしくみ

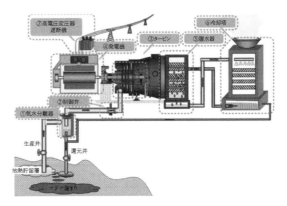

図2.40　フラッシュ式地熱発電のしくみ

高温になった地下深部（地下1,000〜3,000m程度）に存在する．地表面に降った雨などが地下深部まで浸透し，地下で熱せられて高温の熱水となり，この熱水が集まる部分を「地熱貯留層」という（図2.39）．

地熱発電は，この地熱貯留層から地熱流体を取り出し，タービンを回転させて発電する．地熱流体には，主に蒸気だけが噴出する「蒸気卓越型」，熱水と蒸気が混ざり噴出する「熱水卓越型」などがある．

地熱発電システムには，地中から取り出した蒸気または熱水を減圧沸騰させた蒸気エネルギーにより，タービンで発電機を回して発電する「フラッシュ式発電システム」（図2.40），またはこれらの蒸気，熱水を別の媒体，たとえばペンタン，フロンなどに熱変換して発電する「バイナリー式発電システム」（図2.41）の大きく2つのタイプの発電システムがある．また，これらを組み合わせ

た「フラッシュ＋バイナリー」（コンバインド）がある．

(2)フラッシュ式発電システム

フラッシュ式発電システムは，基本的には火力発電所や原子力発電所で使われる蒸気タービン・発電機システムと同じ技術構造を用いている．

蒸気タービンは，蒸気の持つ熱的エネルギー，つまり，位置エネルギーを機械的仕事である運動エネルギーに変換する装置で，これで得られた回転を発電機に伝えて電力に変換している（写真2.16）．

地熱の場合は，井戸の状態などで異なるものの，2〜20気圧程度の飽和温度，あるいは過熱状態の蒸気を，ノズルまたは固定羽根（静翼）で噴出膨張あるいは方向変化させて高速の蒸気流をつくり，これを回転羽根（動翼）に吹き付けて回転させ動力を得ている．

身近な事例として，薬缶でお湯を沸かしたとき

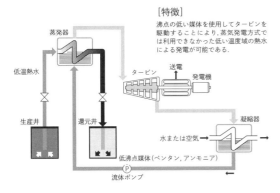

図2.41　バイナリー地熱発電のしくみ

写真2.16　蒸気タービンロータ

回転させる力

蒸気

図2.42　蒸気タービン発電の原理

写真2.17　松川地熱発電所

に蒸気が薬缶の口から勢い良く吹き出すが，この吹き出した蒸気で風車を回していることと同じと考えれば，理解しやすい（図2.42）.

　この蒸気の熱的エネルギーを限界まで膨張させれば，それだけ発電する電力量は増える．つまり，低いエネルギーを運動エネルギーに変えるため，圧力を真空に近い状態まで下げるために，一般的な地熱発電所には「復水器」が設置されている.

　復水器では，蒸気の状態から水への相変化により比容積が1/100以下になることから，一気に真空に近い状態となる．タービン内部の蒸気体積量も何倍にも膨張するため，蒸気タービンの羽根は長いもので1mを超える場合がある.

　蒸気タービンを回転させた後の蒸気は，復水器

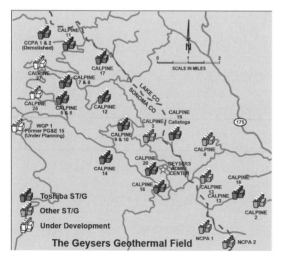

図2.43　ガイザース地区地熱発電所

で冷やされて水に戻り，多くの地熱発電所ではこの水をそのまま冷却塔で冷やして冷却水として使用し，余った水は一般的には地中に還元する.

　地熱発電と一般火力発電の最大の違いは，火力や原子力発電で発生させる蒸気は純水に近くクリーンだが，地熱発電の場合は地球から発生する蒸気を，そのまま直接蒸気タービンに導入するという点である.

　地熱の蒸気には，水以外にガスである二酸化炭素や硫化水素，シリカなどが混じっており，地中から蒸気状態でそのまま導入した場合は，たとえばpH4程度の酸性を示すことも珍しくない.

　こうした腐食しやすい環境下で，発電所で運転されている機器にもよるが，一般的に10MWクラス以上の発電所では，西日本の60Hz地域なら1秒間に60回転，東日本の50Hz地域なら50回転の非常に高速な回転数で，重量約20〜50tonの鍛造ロータが高速回転している.

　材料工学的には「応力腐食割れ」を最も懸念すべき点であり，環境条件が変えられない以上，腐食に強い材料の選定や応力値を下げる設計をする必要がある.

　腐食に強い材料の選定にあたっては，「東芝エネルギーシステムズ社」が日本で最初に納入した「松川地熱発電所」（写真2.17）始め多数のプラントでの経験や，「アメリカ・ガイザース」が最も厳しい蒸気条件下で材料試験を行なった知見などから，設備の設計，製造を行なっている．その結

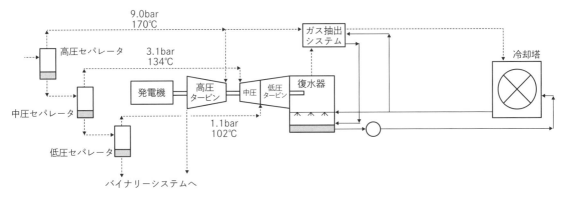

図2.44　トルコ・クズルデレ第3地熱発電所簡易系統図

果，アメリカ・ガイザースでは，クリーンな水を使用する火力発電所なみの10年強の開放点検なし運転を達成した事例もある（**図2.43**）．

よりエネルギーを有効活用するために，熱水を再度フラッシュさせる「ダブルフラッシュ式」，さらにフラッシュさせる「トリプルフラッシュ式」がある．また，さらに熱を有効活用するため，フラッシュ式とバイナリー式を組み合わせた「コンバインド式」もある．

（3）最新鋭大規模地熱発電所

図2.44は，トルコの大手電力事業者「ゾルルエナジーグループ」の「クズルデレ第3地熱発電所」のシステム構成である．

井戸から上がってくる蒸気と熱水が，まず高圧セパレータに導入されて蒸気と熱水を分離し，大気圧の約9倍の9barの蒸気が高圧タービンに入る．蒸気にならなかった熱水は中圧セパレータに入り，圧力を9barから3.1barに下げることで減圧沸騰した蒸気を中圧タービンに入れる．

中圧セパレータから流れてきた熱水を低圧セパレータに入れ，圧力を3.1barから1.1barに下げることで減圧沸騰した蒸気を低圧タービンに入れる．1.1barでも沸騰しなかった熱水はバイナリーシステムに進んで熱回収され，発電に用いられた後，地中に還元される．

高圧蒸気にはガスが多く，蒸気のままバイナリーシステムで熱交換されて熱回収され，中圧，低圧の蒸気は復水させることがシステムの特徴である．

第3発電所の1号機はフラッシュ方式で7万kW（キロワット），バイナリー方式で2万kWの発電能力を持ち，2016年10月に運転を開始した．また，2号機はフラッシュ5万kWとバイナリー2万kWの組合わせで，2017年7月に運転を開始したトルコ最大の地熱発電所である（**写真2.18**）．

このプラントの蒸気タービン最終段には，地熱用としては世界最長の40.2inch翼（1,021mm）を東芝エネルギーシステムズ社が世界で最初に適用

写真2.18　トルコ・クズルデレ第3地熱発電所全景

写真2.19　山葵沢地熱発電所全景

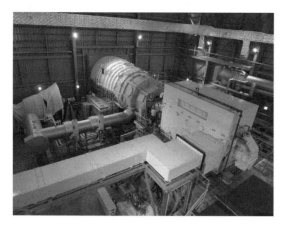

写真2.20　山葵沢地熱発電所タービン発電設備

写真2.21　小型地熱発電システム(熊本県小国町　わいた地熱発電所)

している.

　日本では,「湯沢地熱㈱山葵沢地熱発電所」(秋田県湯沢市)が2019年5月に運転開始した(**写真2.19**).こちらはダブルフラッシュ式の発電設備を備え,46,199kWと国内地熱発電所で4番目に大きな地熱発電所で,10MW以上の大規模地熱発電所としては国内で23年ぶりの地熱発電所であり,東芝エネルギーシステムズ社が納入している.

　当地は夏冬の気温差が大きいため,各季節条件下で最適な発電ができるよう設計されている.また,かなりの部分が自動化され,運転員の負荷軽減に貢献している.プラントの蒸気タービン最終段には,トルコと同じ40.2inch翼(1,021mm)を採用している(**写真2.20**).

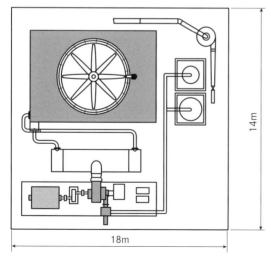

図2.45　小型地熱発電システム配置図

(4)フラッシュ方式小型地熱発電

　現在,国内には10MW以上の大規模発電設備は1プラントだけだが,井戸の開発リスクを減らして環境アセス不要の環境に優しい地熱プラントはできないかという観点からつくられたのが,「抗口地熱発電設備」である.

　日本国内で山間部に発電所を建設する場合,大規模なものは時間と手間がかかり,環境上からも影響が大きい.また,近年では海外でも環境へのインパクトを最小化したいという観点から,小型の地熱発電所を建設する機運が出てきている(**写真2.21**,**図2.45**).

　2MW地熱発電プラントとして紹介する東芝エネルギーシステムズ社の小型発電システムは,次のような特徴がある.

　①大規模な蒸気配管設備が不要

　②流体が蒸気または水だけで取扱いが容易

　日本の温泉各地で噴出しても利用されていない120～200℃級の飽和蒸気も有効活用して発電できるフラッシュ式小型地熱タービン

　③電柱から送電可能(2MW未満)

　大型プラントの場合,高圧送電用に鉄塔を建設する必要があるが,2MW未満の場合は近くの電柱に接続するだけでよいため,送電側コストを最小にできる.

　④環境アセスメント対象外(7,500kW未満)

　従来,この環境アセスメントのために計画開始から運転開始まで10年かかるといわれていたが,

早期に運転開始でき投資回収が早い.

⑤電気買取価格が高い

(5)将来の地熱技術

　地熱をさらに有効活用するために，地熱源の開発も進められている．そのなかで近年注目されているのが，「超臨界地熱」である.

　地下 3.5 ～ 4km の深さの 1 本の井戸から超臨界状態の熱利用を目指すもので，アイスランドの事例では圧力 14MPa，温度 450℃，pH2.5 ～ 3，大量の気化シリカ(SiO_2)や塩化水素(HCl)が発生する環境である．この 1 本の井戸で，約 40MW 程度の電力が得られる.

　超臨界地熱発電技術は，2016 年 4 月の内閣府の総合科学技術・イノベーション会議が掲げる「エネルギー・環境イノベーション戦略（NESTI2050）」のなかで革新技術の 1 つに位置付けられており，このなかのロードマップでは，2050 年頃の普及を目指して「実現可能性調査」,「試掘のための詳細事前検討」,「試掘」,「試掘結果の検証と実証実験への事前検討」,「実証試験」の 5 つのステップが組まれている.

　技術課題は多いものの，それらをクリアできれば地熱利用が大きく進むことになる.

参考文献
図 1　新エネルギー・産業技術総合開発機構NEDO ／「再生可能エネルギー技術白書第 2 版」第 7 章, p.12（森北出版, 2014 年 2 月）
Indonesia reaches 1,925 MW installed geothermal power generation capacity
http://www.thinkgeoenergy.com/indonesia-reaches-1925-mw-installed-geothermal-power-generation-capacity/
図 2　JOGMEC　地熱資源開発支援事業
http://www.jogmec.go.jp/content/300192433.png
図 3　経済産業省資源エネルギー庁　知っておきたいエネルギーの基礎用語 ～地方創生にも役立つ再エネ「地熱発電」
https://www.enecho.meti.go.jp/about/special/johoteikyo/chinetsuhatsuden.html
図 6　NEDO「地熱発電技術研究開発」
https://www.nedo.go.jp/activities/ZZJP_100066.html
図 7　電気事業連合会「火力発電の基本原理」
https://www.fepc.or.jp/enterprise/hatsuden/fire/index.html
図 9　東北自然エネルギー株式会社殿提供
図 12　Zorlu Enerji 社殿提供
図 13,14　湯沢地熱株式会社殿提供
1) Indonesia needs $15 billion investment to meet geothermal target by 2025
https://www.reuters.com/article/us-indonesia-geothermal/indonesia-needs-15-billion-investment-to-meet-geothermal-target-by-2025-idUSKCN1V30R0
2) Turkey targets 2,000 MW geothermal power generation capacity by 2020
http://www.thinkgeoenergy.com/turkey-targets-2000-mw-geothermal-power-generation-capacity-by-2020/
3) Geothermal an increasingly important source of electricity for Kenya
http://www.thinkgeoenergy.com/geothermal-an-increasingly-important-source-of-electricity-for-kenya/

2.4.2　バイナリー発電システム

(1)バイナリー発電普及の背景

　再生可能エネルギーの「固定価格買取制度」（FIT）は，補助金による導入支援，RPS 制度（2003 年～），太陽光の余剰電力買取制度（2009 ～ 2012 年）の後を受けて，2012 年 7 月に「電気事業者による再生可能エネルギー電気の調達に関する特別措置法」に基づいて創設された.

　FIT 制度は，①再生可能エネルギーの発電事業者に，固定価格での長期買取を保証して事業収益の予見可能性を高め，参入リスクを低減させて新たな再生可能エネルギー市場を創出し，②市場拡大に伴うコスト低減（スケールメリット，習熟効果）をはかり，再生可能エネルギーの中期的な自立を促すことを目的に，日本でも導入量が倍増するといった成果を挙げてきている.

　また，昨今の日本の電力事情はこれまでの大手電力会社が持つ大規模集中電源による電力供給から，地産地消の分散型電源の普及が進んでいる．そのなかで注目されてきたのが「バイナリー発電」で，温泉水などの低温熱源を利用し，沸点の低い媒体を利用することで低温でも発電できるのが特徴である.

　とくに FIT 導入当初は，地熱では 15,000kW 未満で 40 円 /kWh（税抜き），15,000kW 以上で 26 円 /kWh（同）の調達価格が設定され，2020 年現在でも高価格水準が維持されて，バイナリー発電による売電事業の普及を後押ししている.

(2)バイナリー発電システムの概要

　バイナリー発電は，比較的低温な熱源を利用して沸点の低い媒体を加熱・蒸発させ，その蒸気でタービンを回す発電方式である．**図 2.46** にその

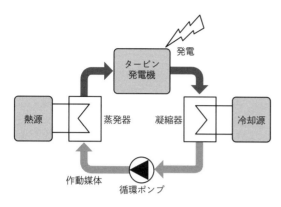

図2.46　バイナリー発電の基本サイクル

基本サイクルを示す．熱源系統と媒体系統の2つ
(binary)の熱サイクルを利用して発電することか
ら，「バイナリーサイクル発電」と呼ばれている．

　一方，水を加熱して蒸気を生成し，蒸気タービ
ンを回す基本サイクルを「ランキンサイクル」
(Rankine cycle)という．これに対し，水の代わ
りに沸点の低い有機媒体を用いるサイクルを
「オーガニック・ランキンサイクル」(ORC =
Organic Rankine cycle)と呼ぶ．国内ではバイナ
リー発電とORCが同じ意味合いで使われる場合
が多いが，海外では主にORCと呼ばれている．

　現在利用されている地熱発電の発電方式として
は，主に「ドライスチーム」，「フラッシュサイク
ル」，「バイナリーサイクル」の3方式が用いられ
ているが，そのなかでもバイナリーサイクルが最
も熱源温度が低く，その温度帯は70～120℃程
度である．媒体としては，ペンタン，イソブタン
などの有機物質，代替フロン，アンモニア・水混
合液などが用いられる．

とくに発電出力が300kW未満で代替フロンなど
の不活性ガスを用いるなど，**表2.10**に示す一定
の使用条件を満たす場合は電気事業法の規制緩和
対象となり，従来必要なボイラ・タービン主任技
術者の選任，工事計画書の許可・届出，溶接事業
者検査，定期事業者検査が不要で，中小規模での
バイナリー発電の導入は比較的容易になっている．

(3)バイナリー発電装置

　小型のバイナリー発電装置の場合，バイナリー
発電に関する機器類がワンパッケージに収納され
た省スペース設計の場合が多い．

　一例として，**写真2.22**，**図2.47**に「IHI回転
機械エンジニアリング」が製造・販売する20kW
小型バイナリー発電装置(Heat Recovery = HR
シリーズ)のパッケージ外観と内部構成を示す．

　パッケージサイズは，約2,050㎜(幅)×約1,360㎜
(奥行)×約1,600㎜(高さ)とコンパクトで，パッ
ケージ内部にはタービン発電機，蒸発器，凝縮器，
循環ポンプ，作動媒体，AC-DCコンバータ，系
統連系インバータ，絶縁トランスなどが内蔵され
ている．

　タービン発電機の膨張機部分はラジアル式やス
クリュー式，スクロール式などが採用されている
が，HRシリーズに採用しているラジアルタービ
ンは，IHIのターボ機械技術と直接動力を伝達す
るダイレクトドライブ技術を採用しており，小型
化と発電性能の向上を実現している．また，熱源
となる温水の温度範囲は70～95℃，動作フロー
は次の通りである．

　①循環ポンプを起動

表2.10　電気事業法の規制緩和の要件

規制緩和条件

全般	熱源は熱水・蒸気
	作動媒体が不活性ガス
	一般公衆が窒息しない構造
バイナリー発電	出力：300kW未満
	最高使用圧力：2MPa未満
	最高使用温度：250℃未満
	タービン駆動部が発電機と一体のもの．筐体に収納
	タービン駆動部破損時に破片が設備外部に飛散しない

設置に必要な手続き

項　目	規制緩和対象外	規制緩和対象
電気主任技術者の選任と届出	要	要
保安規定の届出	要	要
使用前検査	要	要(自主検査)
工事計画書の認可・届出	要	不要
ボイラータービン主任技術者の選任と届出	要	不要
定期検査	要	不要
溶接検査	要	不要

出典：㈱IHI回転機械エンジニアリング「Heat Recovery HRシリーズ」カタログ

②熱源により蒸発器で作動媒体が蒸発

③蒸発した作動媒体でタービンが回転し直結された発電機で発電

④蒸発した作動媒体が凝縮器に入り，冷却水で冷され再び液化

⑤液化した作動媒体は循環ポンプを介して再び蒸発器へ

⑥発電した電気は系統連系インバータを介し，所定の電圧で商用電源に同期した周波数で出力．

パッケージに内蔵されている系統連系インバータは，系統連系規定(低圧)に準拠した機能を持ち，低圧連系の範囲内(50kW 未満)であれば，別途キュービクルを設置せずに複数台設置も可能である．

2.4.3 バイナリー発電システムの活用と展望
(1)温泉での活用

有望な候補地が限られ，大規模な開発を伴う大型の発電所に用いられるフラッシュ発電に比べ，小型のバイナリー発電は，既存の温泉井戸での小規模発電所に適しており，法規制緩和によって比較的導入も容易である．

写真2.22　パッケージの外観

70℃以上の高温温泉水の場合は，自然冷却や加水などで温度調整しているが，バイナリー発電を導入することで 10 ～ 15℃程度温度を下げることができ，発電しながら後段の浴用施設などに適した温度で配湯していくことも可能になる．

また，温泉噴気で温泉造成を行なっている地域でも，余剰噴気や造成後の高温の温泉水で発電することもできる．

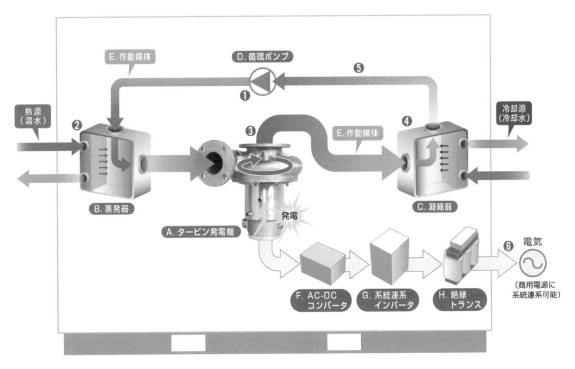

図2.47　パッケージの内部構成

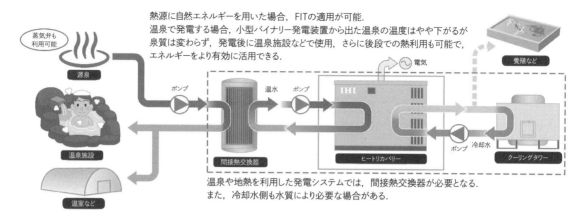

熱源に自然エネルギーを用いた場合，FITの適用が可能．
温泉で発電する場合，小型バイナリー発電装置から出た温泉の温度はやや下がるが
泉質は変わらず，発電後に温泉施設などで使用，さらに後段での熱利用も可能で，
エネルギーをより有効に活用できる．

温泉や地熱を利用した発電システムでは，間接熱交換器が必要となる．
また，冷却水側も水質により必要な場合がある．

図2.48　温泉での活用方法

バイナリー発電に使う温泉水は，温度だけが必要で使用後の泉質に変化はなく，発電後の温泉水を浴用施設や配湯事業などに利用でき，さらに後段での温室栽培，陸上養殖，融雪，暖房，給湯といった設備への活用も可能で，各地で導入が進んでいる．冷却水も発電後は10℃程度温められるので，陸上養殖などへの活用も可能である（図2.48）．

温泉を利用したバイナリー発電は，地熱発電のカテゴリーのFITに分類される．発電用温泉井戸を新たに掘削して売電事業を主目的とした導入も可能だが，既存の温泉事業を主目的とすれば地域活性にも貢献でき，さらに売電だけでなく自家消費することで既存の温泉関連施設の省エネルギーにも利用可能で，環境負荷低減につながる．

温泉での活用事例として，「協和地建コンサルタント湯梨浜地熱発電所」（鳥取県湯梨浜町）の事例を紹介する（写真2.23，図2.49）．

この発電所の場合，発電後の温泉水を旅館などに配湯し，旅館では浴用施設に利用すると同時に給湯設備の熱源として活用している．このように温泉熱を"カスケード利用"することで，給湯用ボイラの燃料費も削減できている．

(2)温泉での発電の計画上の注意点

小型バイナリー発電装置は，火力発電所の「汽力発電」に位置付けられ，電気事業法の遵守は必須であるが，2012年4月以降，各種法令改正などによる規制緩和で，要件を満たす場合はこれまで

より導入しやすい半面，候補地の特性やシステム設計などにより，各種法令を遵守する必要がある．

①候補地の特性

国定公園や国立公園内に設置する場合，自然公園法に則った手続きを始め，設置する地域の条例などによる環境アセスメントなどを遵守する必要がある．また，地権の確認や市街化調整区域に指定されていないか，自然災害多発地域でないかなども事前に調査しておかなければならない．

②資源量の確保

資源量データは，発電だけでなく配湯や浴用施設など，関連する事業全体に大きな影響を及ぼす経済性計算の「すべての基準」であり，正確であることが求められるのはいうまでもない．また，使用する温泉井戸の特性を確認し，定常的に安定した資源量を確保できるかも調査していく必要がある．

一方で，冷却源の確保も課題である．水冷式であれば冷却水源が必要で，河川や山水などを利用する場合は，水利権や排水基準などについて事前調査しておかなければならない．空冷式の場合も，散布する水に河川や山水などを利用する場合は同様である．

③システム設計

温泉を利用する発電設備であっても，浴用などの利用がなければ温泉井戸は発電専用となり，自家用電気工作物として電気事業法の適用を受ける．

そこで，資源量の適正な配分をして，浴用施設や配湯事業などとのバランスの取れたシステム設

計を行なっていく一方で，自家用電気工作物の範囲を明確にする必要がある．

さらに，使用する温泉や冷却水の水質によって使用機器の材質選定や，スケールによるメンテナンスサイクルの考慮が必要になり，とくにスケールによる機器の清掃頻度や，腐食性ガスなどによる機器の損傷は経済性に直結するため，事前によく検討しておかなければならない．

温泉水を木質バイオマスボイラで加熱している場合は，バイオマスのカテゴリーでのFITとなるなど，他の設備との兼ね合いも考慮する必要がある．

(3) バイナリー発電システム導入の現状と
　　今後の展望

① バイナリー発電システムの現状

バイナリー発電システムは，規制緩和と共に温泉地での導入が加速しているが，すべての導入先で安定して稼働できている状況ではなく，普及を鈍化させる1つの要因にもなっている．

先の計画上の注意点にもあるように，安定稼働のためには，バイナリー発電システムの導入計画時に十分な検討を実施すると同時に，設置場所の環境に合わせた高度なエンジニアリングと適応機器の選定が必要になる．

このことから，システム全体としては一品一葉の対応を余儀なくされるため，設備コストは割高

写真2.23　バイナリー発電システム外観

になる傾向にある．また，運用面では使用する温泉の成分や冷却水の水質，温泉ならではの腐食性ガスなど，環境要因によりメンテナンスコストも割高になる傾向にある．

これらの課題を1つ1つ解決していくことで，設備コストの低減だけでなく，運用コストも抑えながら，安定稼働による事業採算性を確保していくことが，普及につながる要因となることは間違いないだろう．

一方，バイナリー発電システムは火力発電所の汽力発電に位置付けられるため，発電出力にかかわらず「発電用火力設備の技術基準」に準拠している必要があり，高いレベルでのエンジニアリングが求められる．

したがって，安全を担保していくためにも，関

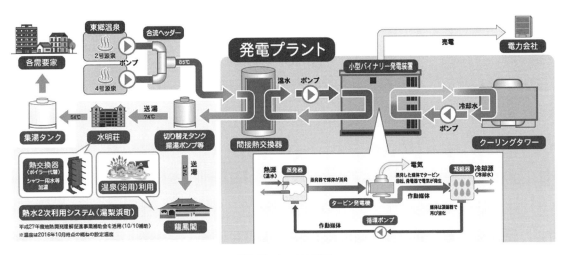

図2.49　システム概要

係法令を理解したうえで各種のエンジニアリグに取り組まなければならず，計画段階だけでなく導入後の運用面でも十分な知識を必要とする．各段階で専門業者に検討やエンジニアリングを委託する場合，事業主側にも十分な理解が必要である．

②バイナリー発電システム普及の今後の展望

各メーカーは発電設備コストの低減に努力しているが，バイナリー発電システム全体からみた温泉発電設備コストは割高傾向で，他の発電方式に比べてkWあたりの導入コストはまだまだ高水準にある．今後の普及に合わせたコスト低減が期待される．

現在，温泉発電だけでなく地中熱の活用も研究されており，地下から取り出された熱を利用したバイナリー発電システムの普及にも期待したい．

一方，たとえば，既存の数MWクラスのフラッシュ発電のドレン利用などで同一発電所内にバイナリー発電システムを併設する場合，1つの需要地に対して配電網から1本の引込みしかできないため，逆潮流量が50kW未満のバイナリー発電システムでも高圧連系となるだけでなく，フラッシュ発電と同様の関係法令に準拠し，規制緩和対象設備では不要な工事計画書の提出なども必要になる．

バイナリー発電システムの普及に向け，今後のさらなる関係法令の緩和にも大いに期待したい．

写真提供
協和地建コンサルタント株式会社（島根県松江市）

参考文献
株式会社IHI回転機械エンジニアリング　Heat Recovery HRシリーズ　カタログ

2.5.1　ポストFITとバイオマス発電普及促進のための地域の取組み

再生可能エネルギーの普及促進政策として世界的にFITが導入され，日本でも2012年7月以降，太陽光，風力，水力，地熱そしてバイオマスを対象に全量買取制度が始まり，再生可能エネルギーの大幅な導入拡大を進めている[1]．

2016年4月からは電気，2017年4月からはガスの小売全面自由化が始まり，新規事業者のエネルギー事業への参入が期待される．

さらに，少子高齢化や地方の人口減少，産業衰退が喫緊の課題となっていることから，それらの解決策の1つとして地産地消エネルギーの活用を通じた地域経済活性化が期待されている．

一方，家庭用太陽光発電による余剰電力買取制度が2019年11月以降順次終了することとなり，FIT制度の抜本的な見直しも急がれている．

FIT制度完了後の"ポストFIT"について，まずヨーロッパでのバイオマス発電の先行事例をみていこう．

(1)エネルギー自由化と地域の取組み

ヨーロッパを中心に再生可能エネルギーの活用とエネルギー自由化が進み，これまで大手電力・ガス会社が独占していたエネルギー事業を市場開放し，地域に根差した事業展開が進められている．

ドイツではこの取組みを「シュタットヴェルケ」(Stadtwerke)と呼び，直訳すれば「町の事業」で，主に自治体が母体となって電気，ガス，水道，通信，交通などの事業を行なう．

その結果，地域住民にとってはこれまでの大手エネルギー会社から恩恵の少なかったきめ細かいサービスを受けること，地域資源や人材を活用することで地域経済の活性化がもたらされている．

(2)シュタットヴェルケ

①設立の背景

シュタットヴェルケは，主にドイツ国内で自治体の委託を受けて住民に必要なサービスを提供する企業である．19世紀後半に自治体が民間事業

者の電力インフラなどを接収・買収する形で発展し，現在ではドイツ国内に自治体単位で900社以上存在する．

②ビジネスモデル

経営上の特徴は，単一または複数の自治体が株式の過半数を所有し，公営または公私混合経営を行なっている点がある．企業形態としては「特殊法人」「有限会社」「株式会社」など多岐にわたり，各地域の事情に応じて異なるが，主に次のサービスを提供する．

(a)エネルギー

電力・ガス供給，熱供給事業を実施し，配電線やガス導管などのインフラも所有している点が特徴で，ドイツでは1998年に小売電力市場が全面自由化され，当該地域のシュタットヴェルケ以外からも購入できるが，地域の需要家が他の電力会社から購入する場合でも，シュタットヴェルケは電力託送収入を得るしくみとなっている．

近年は，太陽光・風力・バイオマスなどの再生可能エネルギー発電所の所有も手掛けるシュタットヴェルケも現われている．

(b)水道・通信

上下水道や電話・インターネットについても自ら設備を所有し，サービスの提供を行なっている．

(c)交通

地域内の路線バスを運行している．

(d)ファイナンススキーム

地域によって多少の違いはあるものの，基本的にはこれらのサービスを自治体からの財政支援に頼ることなく，独立で実施している点が特徴である．

③効果，地域貢献，経済循環

経営規模が比較的小さく，地域に密着したサービスを提供している点が特徴で，所有する配電線などの設備工事を地域の会社に発注する，地域の太陽光発電所から電力を購入するなど当該地域に資金が還流し，地域雇用を創出する経営を行なっていることも特筆すべき点である．

表2.11 企業概要

会社名	Stadtwerke Engen GmbH
所在地	ドイツ・バーデン・ヴュルテンベルク州エンゲン市
創業年	1897年
従業員数	16名
年間売上高	約1,400万ユーロ(約18.2億円)
主要株主	エンゲン市(100%)
主な事業	エンゲン市内の電力・水道・ガス・電話・路線バス・熱供給事業(公共施設のみ)

④事例

著者がドイツ・バーデンヴュルテンベルク州エンゲン市の「シュタットヴェルケ・エンゲン」(Stadtwerke Engen GmbH)を訪問した際のヒアリング概要を紹介する(2016年時点，**表2.11**)．

(a)経営上の特徴

・黒字経営のため，市からの補助金や優遇税制などは受けていない．事業単体で見る電話は光ファイバー網整備投資による一時的な赤字が発生，路線バス事業も赤字だが他は黒字である．

・投資のための資金調達は1/3が自己資金，2/3が銀行からの融資で，電力に関する限り市からの融資は受けていない．

・提供するサービス(電力，ガス，水道，熱供給，電話，路線バス)はすべて個別の「タリフ」(料金表)に基づいて精算し，「セット割」のような割引は導入しない．

・エンゲン市内の配電設備はシュタットヴェルケ・エンゲンが所有し，市が建設所有して同社に貸し付ける形態ではないが，設備保守は市内の業者に委託している．

(b)シュタットヴェルケ・エンゲンの電力事業の特徴

・電源の調達先は約19%がエンゲン市内のバイオガス発電，約12%が市内の太陽光発電，残りは電力市場(ドイツ南部市場)からの調達(周辺の他のシュタットヴェルケと共同で)である．

・太陽光発電は，市内10か所の民間発電所から調達する．1か所はシュタットヴェルケ・エンゲンが出資して運営に関与し，将来的に風力発電

表2.12　地域熱供給システム概要

項　目	仕　様
ボイラー形式	UTSR-700型×1台
発電設備	なし
燃料	木質チップのみ
熱出力	700kW
バッファタンク容量	46.5kl×3台
バックアップ	ガスボイラー(1,700kW×2基)
主な環境対策	電気集塵機(湿灰回収)

所にも投資予定(ソラー・コンプレックス社と共同)である.

・シュタットヴェルケ・エンゲンのエンゲン市における電力販売シェアは,2015年時点で約90%,1998年の電力自由化以降シェアは漸減傾向である.

・より安価な電気を求める需要家が他の小売事業者に積極的に切り替えていることがシェア減少の主要因であるが,エンゲン市に転入した住民が前居住地で契約していた小売事業者を引き続き利用することも減少の理由である(逆のパターンもある).

・他方,最安となる電力小売事業者と比べて1.5倍の価格差がありながら90%のシェアを維持している点は注目に値する.

⑤バイオマス燃料による熱供給施設の事例

(a)ヴィンタートゥール市都市エネルギー公社の地域熱供給

　近隣のアパート,フィットネスセンター,工場に対して給湯用・暖房用の熱を供給する.概要は次の通りである(**表2.12**,**写真2.24**).

・市のエネルギー公社が施設設置と運営を実施.

・用地事情のため,工業団地内駐車場地下にボイラ・サイロ他設備一式を設置.

・将来的にボイラを2台増設可能で,燃料供給系統は増設を考慮した設計.

・排ガス処理装置と一体化したボイラ給水のプレヒーティングがあり,エネルギー効率向上をはかる.

(b)クレモナ県ソスピーロ村の地域熱供給・発電

　近隣の病院や学校に熱を供給する方式で,その概要は次のようである(**表2.13**,**写真2.25**).

・機器メーカー・個人の出資により設立(自治体および需要家は出資せず).

・電力は20ユーロセント(約26円)/1kWhの従量料金で売電.温水は年間48万ユーロ(約6,200万円)の固定価格契約で販売.日本と異なりイタリアでは電力は発電端出力で売電可能.所内消費分は別で購入可能である.

・温水は往80℃→還60℃の設定.需要側で熱を利用しきれない場合(還り温度が下がらない場合)は屋上設置の冷却塔で放熱.

(a)熱供給施設外観

(b)貯湯タンク

(c)ボイラ

写真2.24　ヴィンタートゥール市の地域熱供給システム

・管理者は1名体制. 早番・遅番で各1人. 夜間は無人運転.

・燃料費および事業費は次のとおり.

（ｉ）チップ燃料料金 = 46 〜 47 ユーロ（約 6,000 円）/ ton

（ｉｉ）総事業費 = 6,500,000 ユーロ（約 8.5 億円）（土地収用費含む）. 回収年数 4 〜 5 年. うち導管工事費 = 700,000 ユーロ（9,100 万円）.

(3) 日本での取組み

①エネルギー事業における取組み

現時点では，ドイツのシュタットヴェルケのように複数の公共サービスを一括提供する企業は見られない.

一方，電力供給に関しては電力小売全面自由化によりいくつかの自治体で「地域PPS」（Power Producer and Supplier）が設立され，近年では「日本版シュタットヴェルケ」として複数の組織が運営を行なっている.

一例として，福岡県みやま市「みやまスマートエネルギー」はドイツのシュタットヴェルケのしくみに近く，日本版シュタットヴェルケといわれている. 同事業では太陽光発電や余剰電力買取の収益を原資として地域特有の課題解決のための公共サービスを提供しており，ドイツのような地域密着型の取組みとして紹介されている.

表2.13　地域熱供給・発電システム

項　目	仕　様
ボイラー形式	Uniconfort社製ボイラー（イタリア）
熱出力	5,100kW
発電設備	Turboden社製ORC発電機（イタリア）
電気出力	1,000kW
所内消費電力	約180〜190kW
燃料	木質チップ
燃料消費量	約60ton/日
主な環境対策	電気集塵機

②その他インフラ事業の取組み

公営バス事業を民間バス会社に移管したり，通信会社が他業種と連携しセットで消費者へ提供するケースなどがある.

③行政や団体の取組み

経済産業省を中心に数年前より「ローカルマネジメント」（LM）法人の制度化の議論が進められている. これは非営利会社（NPO法人）と営利会社（株式会社）の双方の特徴を有する. たとえば，NPO法人では税制優遇がある一方で，利益配当が不可であるが，株式会社のように利益配当も可能となる.

(a) 屋外貯蔵のチップ

(b) ボイラ

写真2.25　ソスピーロ村の地域熱供給・発電システム

表2.14　社会インフラ運営会社による地域貢献効果

分野	効果
環境	■エネルギー地産地消 ・エネルギー安定供給，需要創造 ■再エネ促進 ・CO_2削減，リサイクル促進
経済	■地域経済循環 ・雇用創出，税収増加 ■経済波及効果 ・地元産業の活性化
社会	■社会インフラの健全経営 ・不採算事業への補填，住民サービスの向上 ■産業振興 ・資源安定供給，低コスト，次世代の担い手確保 ■レジリエンス ・災害時における事業継続，安定したエネルギー供給

　対象とする事業は公共事業と収益事業とし，収益事業の利益で公益事業の損失をカバーし，地域全体で最低限の機能を総合的に担うとされている．福祉施設を運営するNPOやバスなどを担う第三セクターなどが統合することも想定されている[2]．

(4)日本での社会基盤運営のありかた

　①地域での社会基盤統合の可能性

　エネルギー事業では，電気事業法やガス事業法の改正によって小売事業実施の環境が整いつつある．また，加えて水道事業や交通事業においてもコンセッション活用を検討する動きがあることから，日本でもシュタットヴェルケのように公共サービスを一手に提供する企業を設立する環境は整いつつあるといえる．

　②想定される効果と課題

　社会インフラ運営会社を立ち上げることで，環境，経済，社会のそれぞれの分野で複数の効果が期待できる．

　地元産業の活性化による税収増加，生産人口の確保，平常時および災害時の安定的なエネルギー供給が期待できる．エネルギーだけでなく水道，交通などを包括的に運用し，地域住民や企業に対して安く，高付加価値サービスを提供することで，契約顧客を維持，増加させることができる．また，地域の資源，人材を活用することから地域経済の活性化も期待できる．

　一方で路線バスや水道のように単独では赤字になる事業もあることから，行政からの補助や電気・ガス，水道インフラなど既存資産の無償譲などは考慮する必要がある（**表2.14**）．

(5)再生可能エネルギーと防災，地域経済循環

　近年注目されているバイオマスなど再生可能エネルギーの地産地消の利活用に関し，日本の社会インフラ運営に対してシュタットヴェルケのしくみをそのまま取り入れることは困難であるが，収益事業と公益事業を合わせて行なうメリットは大きい．また，頻発する災害に対し再生可能エネルギーを利用することは，強い国土・地域づくりを行う上で不可欠である[3]．

　これらの実現には，地域の特性を踏まえ社会基盤事業のポートフォリオを定めたうえで持続可能な方策を検討していくことが望ましい．とくに，地方の不採算バス事業などへは，税金だけでなく収益事業から資金補填することは，経済の地域内循環を促進させ経済を活性化させる要因となる．

　一方，すでに実施されている上下分離や，無償譲渡などの対策などの制度設計，財源などについても議論が必要である．

参考文献
1) 経済産業省／平成30年度エネルギーに関する年次報告（エネルギー白書2019）
2) 経済産業省／日本の「稼ぐ力」創出研究会とりまとめ（2015年6月18日）
3) 国土交通省国土政策局／災害に強い国土・地域づくりのための再生可能エネルギーの利用等総合的な防災対策に関する検討調査報告書（平成25年3月）

2.5.2　バイオマス発電と熱利用

　日本のバイオマス発電は，小規模木質でのFIT買取価格が40円/kWhで再生可能エネルギー中抜群に高いことや，小規模のため必要とする燃料が比較的少ないことから注目を浴びている．

　なかでもガス化発電は，電力と同時に熱供給も可能なことから，地産地消のエネルギー源として日本版シュタットヴェルケの起爆剤になり得るが，現状では技術の大半がヨーロッパからの輸入で，日本のバイオマス発電とのマッチングに課題があること，特徴である熱電併給の利点を活かせないことが事業の妨げになっている．

(1) バイオマス発電での
FITの影響

FIT制度導入から8年が経過し，予想以上のペースで太陽光発電が普及した結果，年々その固定買取価格は低下し，制度スタート時42円/kWh（税別，以下同じ）だったものが，事業用メガソーラについては入札制度に移行し，2019年度の平均落札価格は12.91円/kWhだった[1].

風力発電も陸上風力については，買取価格は18円/kWhまで低下し，21年度からは入札制に移行される計画である．

一方，バイオマス発電では1万kW以上が18年度から入札制度に移行したが，それに伴う引下げ前の駆込みで新規認定件数は急増した．バイオマスは安定確保に難点はあるが，大規模ほど事業採算性が良くなることから大型発電所計画が急増し，その結果，比較的容易に入手できるPKS（ヤシ殻）など海外バイオマスの需要が増えている．

図2.50に示すように，この5年間でPKSの主要産出国である東南アジアからの輸入量は約50倍に増加し，インドネシアではもはや日本向け"バイオマス燃料バブル"という様相を呈している．

日本は国土の約70%が森林という木質バイオマス大国だが，燃料の90%以上を輸入に頼るという異常な状況である．そこで，国産バイオマス利用を促進するために，FIT制度発足当初から国内の未利用木質バイオマスを使用する場合は，32円/kWhという高い買取枠が設定されている．

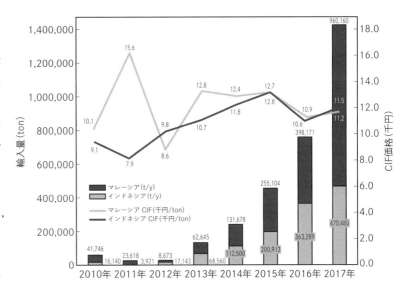

図2.50 海外バイオマス輸入量の推移（PKS）[2]

一方，未利用材の安定量確保が足枷となり，図2.51に示すように未利用材発電所は2019年度ですべてを合わせてもその全認定量の5%でしかない．

未利用材FIT制定時にモデルとなった5,000kW級の最も小さな発電所でも，年間6～9万tonの木質チップが必要という状況は，林業従事者の減少や林道の未整備，高性能林業機械の普及の遅れといった日本固有の未熟な林業インフラがネックとなり，普及のハードルを上げている．

それでも，このモデルプラントと同様の設備が

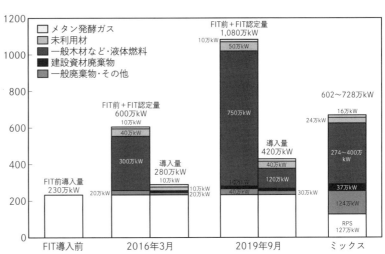

* 改訂FIT法による失効分（2019年9月時点で確認できているもの）を反映
* バイオマス比率考慮後出力で計算

図2.51 バイオマス発電所のFIT認定量と導入量[2]

各地に建設されたが，一部地域ではすでに燃料の確保に苦慮している例もあると聞く．

平成27年度から未利用バイオマス材のハードルをさらに下げるべく，2,000kW未満の小規模出力発電所に対して，40円/kWhという破格の買取価格が追加設定された．

モデルとなったのは，発電規模1500kWの既設のボイラ蒸気タービン式（BTG）の発電所である（図2.52の①参照）．しかし，そこは建築廃材と未利用材の混焼で，バイオマスの想定水分率が低いこと，規模が小さくなると設備単価が上がるなど5000kWのケースとは異なり，このモデルプラントと同じBTGプラントは現在建設されていない．

(2)2,000kW未満のバイオマス発電所の
　　メリットとデメリット

メリットとしては，次のことが考えられる．

①未利用材に限定した制度であるが，小規模なので発電に必要なバイオマスは大規模に比べて少なくて済む．

②2,000kW未満は系統連系が一般高圧の6,600Vで可能なため，連系費用を安く抑えられる．

③②から特別高圧鉄塔近くに発電所を設置する必要がなく，自由度が増す．

④発電規模が50kW未満であれば，一般家庭用の低圧に連系でき，連系費用がより安価になる．

⑤発電規模が小さいため，すでに太陽光で埋まっている系統でも比較的空きが得やすい．

⑥小規模でも高効率なガス化発電の技術が適用できる．

一方，デメリットは次のようである．

①BTGは，上限値の2,000kWに限りなく近い規模でなければ事業として成立しない．

②発電所のkWあたり建設費が，中規模・大規模発電所と比較して2倍以上である．

③ガス化は小規模に適した技術だが，燃料の水分率やサイズなどの制約が厳しく，燃料費が高い傾向がある．

④ガス化を事業設備として使うには，タール問題など技術的にまだ未成熟と一般的に考えられている．

これらのメリット・デメリットを認識したうえで，日本の2,000kW未満小規模発電の現状をみていこう．

(3)2,000kW未満のBTG発電

BTG発電は，使用する蒸気タービンの特性上，発電規模が小さくなるとその効率は急速に低下する．

事業として採算を得るには，少なくとも40円FIT

図2.52　2MW未満ボイラー蒸気タービン発電の状況

上限値の発電規模2,000kW未満にできるだけ近付けることで，図2.52のように40円のFIT制度が施行以降は1,990kWというBTG発電所が3か所建設されている．さらに現在建設中が2か所あるが，必要な生チップ量は年間3万ton以上で，決して小規模とは呼べない．

BTGは，一般的な火力発電で使われている完成した技術であり，バイオマスさえ計画通りに収集できれば，事業展開計画も可能になるが，事業採算性を確保するためにはこれ以上の小型は難しく，2,000kWでも年間3万tonもの未利用材が必要である．そのため，40円FIT制度下でも今後のさらなる普及は厳しいと考えている．

図2.53に，2,000kWhのBTG発電に必要なコストの内訳を示す．発電kWhあたりの原価は38円/kWhとなり，20年の内部収益率であるIRRは2.5%である．バイオマス燃料費用が大きな割合を占めており，コストの約60%が燃料費用である．

一方，売上げ面ではその構造上BTGは電力だけで，40℃程度の廃熱しか得られないことから，売熱収入は期待できない．

(4) ORC発電

ORCは，発電方法がランキンサイクルという点ではBTGと同じである．ただし，BTGは水を蒸気に変えて蒸気タービンを回転して発電するのに対し，ORCは「有機オイル」(Organic)を蒸発させてタービンを回す．

ヨーロッパでは，熱電併給型バイオマス発電設備として急速に普及し，現在では300基を超えるバイオマスORC発電設備が稼働している．

イタリア・ターボデン社のORC発電機を使用したものが有名で，有機シリコンオイルを使用し

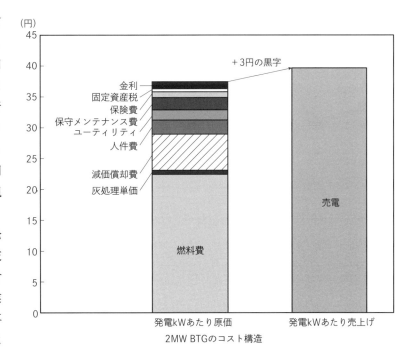

図2.53　FIT 2MW 蒸気タービン発電の経済性

ている．このオイルは分子量が水の約10倍と大きく，運動エネルギーも大きいことからタービンが2段で済み，かつ300〜2,000kWまでのタービンの発電効率は約20%と一定である．1,000kWを下回ると発電効率が10%以下に低下するBTGに比べ，低出力域での効率に優れている．

一方，ヨーロッパでORCが急速に普及した背景は，発電効率が高いこともあるが，タービン後の有機シリコンオイルが液体に凝縮する凝縮機，つまり，BTGでの復水器から約80℃の温水が得られることで，このエネルギー量は発電量の4倍に上る．この温水を使用することで，熱電併給の総合効率は80%を超える．

温水による熱利用が盛んで，かつ熱電併給がFITによる電力買取条件になっているヨーロッパでは，地域熱供給目的を中心に急速に広がり，今ではバイオマスORCプラントはバイオマス発電の中心的なものになっている．

一方，日本ではORCに適した熱供給先がないことから，これまでのバイオマスでの導入例はなかった．著者らはORCバイオマス発電所の国内1号機として，熊本県南関町で1,000kWのORC

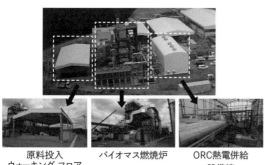

原料投入 ウォーキングフロア	バイオマス燃焼炉	ORC熱電併給 設備棟
投入条件 竹：バーク=30%：70% 含水率 竹：40%程度 バーク：55%程度	主燃料：竹30%+バーク70% 水分率：30%～60% 投入量：3.68t/h 発生熱出力量：7,815kW ・ORC熱電併給設備供給量： 　5,015kW ・熱媒油供給量：2,800kW	熱源：熱媒油 発電方式：オーガニックランキン 　　　　サイクル方式 入力熱量：5,015kW 発電量：995kW 温水発生量：3,995kW

写真2.26　熊本県南関町のバンブーエナジー[4)]

発電設備（**写真2.26**）を建設し，2019年4月に稼働を開始した．

図2.54の事業スキームに示すように，発電設備は大型製材所に隣接しており，熱はその乾燥熱源として使用する．

(5)熱分解ガス化発電（ガス化CHP）

バイオマスを蒸し焼きにして可燃ガス化し，こ

のガスでガスエンジン発電を行なう技術である．蒸気タービンとは異なり，小型でも効率の高いガスエンジンが使用できることから，小規模のバイオマス発電には適しているとされ，ここ数年，ヨーロッパを中心とした多くのガス化炉メーカーが日本市場に参入している．

さらに，ガスエンジンの廃熱からは発電量の倍近い熱が得られ，コジェネとして使えば総合効率の高いエネルギー化装置になる．各種ガス化炉の種類を**表2.15**に示す．

ガス化技術は決して新しいものではなく，日本では2002（平成14）年頃に第1次バイオマスブームのときに環境プラントを手がける大手企業が競ってこの分野に参入し，開発にしのぎを削った．

当時FIT制度はなく，売電による収益事業というより，熱も含めたバイオマスの総合利活用とエネルギーの地産地消という公益性の観点からの実証を中心とした取組みであり，発電だけでなくバイオマスから液体燃料をつくるBTL（Biomass To Liquid）や水素製造など，先端技術に重点を置いた開発例が多数見られた．

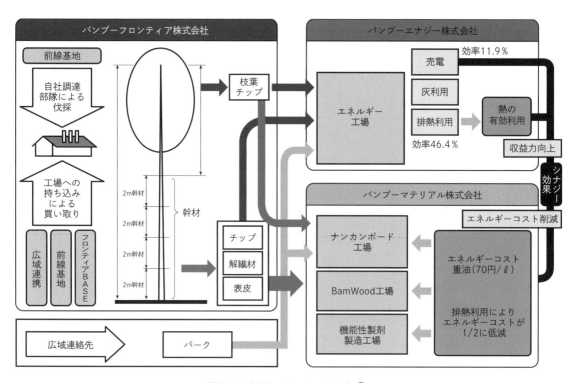

図2.54　南関町のカスケードモデル[3)]

表2.15　ガス化炉の種類

ガス化方式	直接式			間接式		
炉型	アップドラフト	ダウンドラフト	加圧循環流動層	噴流層	ロータリーキルン	循環流動層
原料	湿チップ定形	乾チップ定形	乾チップ定形	8mm<(乾)	乾～湿チップ定形～不定形	乾チップ定形
異物	大きなものは付加			不可	50mmまでOK	大きなものは不可
ガス($kcal/m^3N$)	CO主体(1,000～1,200)			H_2主体(2,000～2,500)		
発電規模(kW)	30～2,500	30～400	150～	50～250	50～1,000	2,000
設備構成	単純	単純	複雑	複雑	複雑	複雑
タール除去方式	湿式除塵機	炉内で改質+スクラバー	不要	炉内で水蒸気改質+スクラバー	炉外で酸素改質+スクラバー	炉内で水蒸気改質
排出物	チャーアッシュ・廃水(多)	チャーアッシュ・廃水(少)	灰	灰・廃水(多)	灰	灰廃水?
*	①	②	③	④	⑤	⑥

*日本でガス化炉を販売しているメーカー
①フェルマント(デンマーク), RM(イタリア)
②ブルクハルト(ドイツ), AHT(同), スパナー(同), ホルツエネルギー(同), エントラーデ(同), URBAS(オーストリア), GLOCK(同), ボルター(フィンランド), CPC(アメリカ), ZEエナジー(日), MIRAI TONE(日)
③川崎重工業(日)
④バイオマスエナジー(日), シンクラフト(オーストリア)
⑤ユア・エネルギー開発(日), 白磁(日)
⑥オーストリアGRE(エジソン), オーストリアRepotec(トーヨーエネルギー)

しかし, 技術のハードルが高いことと, FITで事業性重視に焦点が移ったことなどから, 大部分のメーカーはこの分野から撤退している.

代わって参入してきたのが, 欧米の規格チップを使用してパッケージ化した汎用のガス化CHP(Combined Heat & Power)「熱電併給」である.

日本の最新のガス化CHPの導入マップを図2.55に, その詳細を表2.16に示す.

一部に日本メーカーのものもあるが, 大半がヨーロッパからの設備導入である.

バイオマス先進地域のヨーロッパでは, 小型ガス化CHPは事業用として多くの実績を挙げており, それに裏付けられた信頼性があること, また, 日本のユーザーとくにこれまでバイオマスに縁がなかった太陽光発電事業からの乗換組が, 40円という高い買取価格に魅せられて新たな投資案件として, 大量の導入につながっている.

しかし, パネルさえ設置すれば収益が得られる太陽光発電事業と同じように成功するかどうかは, 今後の結果を見ないとわからない.

(6)汎用ガス化CHP

汎用のガス化CHP導入にあたっては, とくに次の点に留意する.

①燃料チップあるいはペレットの確保と製造方法(Quantity & Quality)

安定量(Quantity)の確保はもちろんだが, 燃料品質(Quality)の確保も重要である. 汎用のガス化装置は, ダウンドラフト炉を中心にヨーロッパの豊富な製材残材を中心とした規格チップを燃料の対象とするが, 日本では40円FITに適応するために未利用木材, すなわち生の丸太からつくらざるを得ない.

チッパーの選定やチップの乾燥, サイズの選別などを誤れば, ガス化装置が動かないばかりか故障にもつながる. つまり, 海外で実績のある装置を買っても, それに適した燃料チップが供給できなければ運転できない.

現実には燃料チップの性状まで管理する海外のガス化炉メーカーはなく, 日本でそれに対応する知見もないため, 輸入設備を据え付けただけで稼

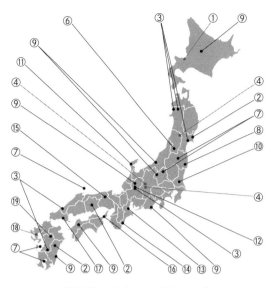

図2.55　ガス化CHPの導入マップ

ケースは少なく，ほとんどの場合何らかの外部資金調達が必要となる．太陽光発電は，設置さえすれば20年間の予想利回りは保証されるが，バイオマス発電では燃料バイオマスを20年間調達するリスクがあることはよく知られている．BTGより技術的に難度が高い汎用ガス化CHPの場合，稼働リスクがこれに加わる．

BTGでは90％以上の稼働率は当たり前だが，ガス化CHPでも少なくとも年間7,500時間以上，85％以上の稼働率を確保しないと事業採算性は苦しくなる．そこで，ファイナンスを付けるためにはこのリスク低減を考える必要がある．設備の信頼性はもちろん，メンテナンス体制をきちんと構築し，計画した稼働率を確保しなければならない．

ガス化CHPは，ガスエンジンなど定期メンテナンスが前提の機器を多く備えた装置であり，国内調達機器があまりない現状では，国内のメンテナンス体制が重要である．稼働率維持向上のための予防メンテナンスはもちろん，トラブル発生時の即時対応が求められる．最近，ここに着目した

働できずに頓挫しているケースもある．したがって，燃料の収集のみならず，ガス化装置に適した燃料チップの品質を確保する必要がある．

②ファイナンス（Finance）

小規模発電とはいえ自己資金で全事業費を賄う

表2.16　日本に導入されているガス化炉メーカー一覧

No	商品名・技術名など	技術出所	供給サイド	ガス化炉形式
①	テスナエナジー	国産	エネサイクル	高速炭化炉＋熱分解炉の2段階ガス化
②	AHT（旧・シュネル　Schnell）	ドイツ	気仙沼地域エネ開発	アップとダウンの中間タイプ
③	ボルター（Volter）	フィンランド	ボルター秋田　フォレストエナジー	ダウンドラフト
④	ZE	国産	ZEエナジー	ダウンドラフト
⑤	JFE-フェルント	デンマーク	JFEE	アップドラフト
⑥	日本バイオマス開発-フェルント	デンマーク	三機工業	アップドラフト
⑦	スパナー（Spanner）	ドイツ	スパナージャパン	ダウンドラフト
⑧	エントラーデ（ENTRADE）	ドイツ	藤田建設工業　トモエテクノ	ダウンドラフト
⑨	ブルクハルト（Burkhardt）	ドイツ	三洋貿易	独自の上向き充填層タイプ
⑩	Gussing高速内部循環流動層（FICFB）	オーストリア	エジソンパワー	循環流動層
⑪	Gussing高速内部循環流動層（FICFB）	オーストリア	トーヨーグループ	循環流動層
⑫	ホルツエネルギー（Holzenergie Wegscheid）	ドイツ	ホルツエネルギージャパン	ダウンドラフト
⑬	CPC（BioMax）	アメリカ	シンテックジャパン	ダウンドラフト
⑭	シンクラフト（Syncraft）	オーストリア	フォレストエナジー	2段階ガス化噴流層
⑮	エスペ（ESPE）	イタリア	アンフィニ他	ダウンドラフト
⑯	ウルバス（URBAS）	オーストリア	コーレンス，新宮エネルギー	ダウンドラフト
⑰	RMグループ	イタリア	リライト（Rewrite）	アップドラフト
⑱	バイオマスエナジー（BME）	国産	バイオマスエナジー	噴流層
⑲	リプロ（Lipro）	ドイツ	サナース	2段階ガス化ダウンドラフト

稼働保証保険を付帯するガス化
CHP も登場してきており，こういっ
たしくみがあればファイナンスは得
やすい．

③系統連系（Grid）

　小型だから事業参入が容易だと思
われがちだが，実態はそうでもない．
発電規模が小さいため，系統に空き
があるかというと太陽光がすでに抑
えているケースが多く，とくに九州
地区では系統の空きは皆無に近い．
系統の空きのチェックは，電力会社
に問い合わせればすぐにできるため，
まず空きがあることが事業化の大前提となる．

　バイオマス発電は，燃料の供給が容易な中山間
部に設置されることが多いが，一般高圧連系の場
合，中山間部は電力需要が小さく，一般高圧から
特別高圧への逆潮流が生じる可能性がある場合は，
電力会社への改造負担金が必要になる．

　規模にもよるが，この負担金が1億円を下らな
いという話もあり，総事業費の小さな小規模発電
では事業化が難しくなる．

　以上は，著者が「GFQ」と呼んでいる小規模
バイオマス発電導入の3原則で，実際に相談され
るケースでは，①②③が最初から揃っていること
はほとんどない．

　たとえば①では，製紙用の切削チッパーがある
からとスクリーンをかけると，ガス化に使えるサ
イズは半分もなかったケース，②では，燃料も確
保でき事業性抜群と銀行に交渉したら，ガス化
CHP の信頼性が保証できず融資がはねられた
ケースがあるが，③が最後に明らかになると悲惨
である．

　①②はクリアし，電柱は目の前にあるため電力
会社に申請に行くと，系統の空きが皆無でこれま
での検討がすべて水泡に帰したなど，GFQ が揃っ
ていることがガス化 CHP 導入のための必要条件
である．

(7) ガス化CHPには熱電併給が必須

　BTG にないガス化 CHP のメリットは，熱電併

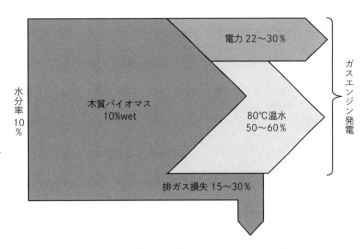

図2.56　一般的なガス化CHPのヒートバランス[5]

給である．**図2.56** のヒートバランスに示すよう
に，発電と同時にガスエンジンなどの廃熱から，
発電量の1.5 ～ 2倍の熱を得ることができ，この
熱が売れれば事業性は向上する．発電量あたりの
設備単価や維持費の高いガス化 CHP は，「熱電
併給」の名の通り，熱が売れることは必須条件で
ある．

　一方，熱は運べないため地産地消以外の選択肢
はない．ここで初めて，小規模ガス化 CHP の真
価が発揮されることになる．大量の熱消費先はな
かなかないが，100kW クラスなら適用先も見つ
けやすい．

　熱といえば温室や温泉をイメージするが，こう
した熱の利用には季節変動がある．CHP の熱は
使わなければ大半は捨てることができ，設備稼働
率に影響を与えることはないが，売熱率は即事業
採算性に影響する．

　熱を使用する別の事業の近くで発電したり，熱
を利用するためにボイラではなくガス化 CHP を
導入するなど，40円/kWh を前提とせず，ポス
ト FIT を視野に入れた取組みを考える必要がある．

　しかし，実態は GFQ の品質を確保するため，
乾燥に CHP の熱を利用するケースが多く，これ
は自己熱消費で厳密には熱利用とはいえない．も
ちろん，品質はきわめて重要な要素であり，自己
消費が悪いわけではないが，その場合も熱の半分
以上は外部供給できる事業スキームが望ましい．

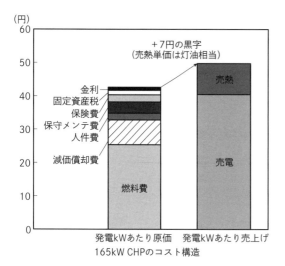

図2.57 ガス化CHPのコスト内訳

図**2.57**は，国内で実際に温泉に熱供給しているガス化CHPのコスト内訳である．発電原価は42円/kWh，IRRは2.3％である．燃料費がコストの約60％を占めている点はBTGと同じだが，売上げ面では売熱収入が全体の約20％ある．

この事例では，熱は温泉を温めるのに使われているが，熱需要とのマッチングの関係で発生熱量の50％強しか使用されていない．仮に全量を売熱できればIRRは6.3％にまで上昇する．

(8)ポストFIT後のバイオマス発電の事業性

図**2.58**に，ポストFIT後のシミュレーション結果を示す．発電原価は，設備の減価償却費が

なくなるだけで他は変わらないとした．

FIT終了後は，40円/kWhという売電は不可能になり，発電原価はCHPの場合で7.6円/kWh，BTGの場合で5.9円/kWh低下するが，売電価格を一般家庭向け電力なみの24円/kWhとすると，CHP，BTG共に赤字となり，事業継続は不可能になる．

ただし，CHPの熱が全量売れればほぼFIT中と同じ利益を得ることができる．FITが終了すれば，未利用材バイオマスという燃料の縛りがなくなることから，一般材あるいは廃棄物系バイオマスなど安価なバイオマスが使えるようになる．

ここで，FIT前の利益を維持できる燃料費用を逆算すると，CHPの場合で全量売熱できれば，ペレット単価が25円/kgでFIT中の2倍の利益を得ることが可能になる．

一方，売熱のないBTGの場合，FIT前と同等の利益を得るためには，燃料費を25％以上低下させる必要がある．熱はFIT価格の影響を受けないことから，ポストFITは売熱可能なCHP装置のほうが有利になる．

(9)バイオマス燃料の価格低減と熱電併給での
　熱利用の可能性

間伐材など未利用バイオマスに対するFITインセンティブは，それ以前にはあまり注目されてこなかった未利用バイオマス利用に光を当てた点

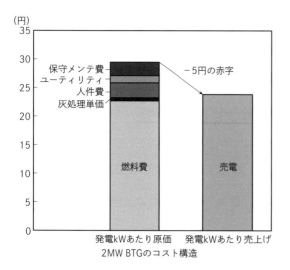

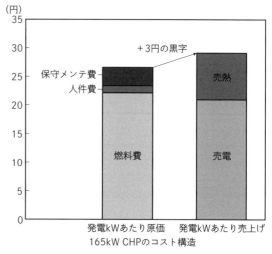

図2.58 FIT終了後のBTGとCHPの経済性

で功績は大きい．しかし，未利用の定義の難しさから，材の取合いや燃料バイオマスの価格高騰を招いてしまっている．

未利用の垣根を取り払うことで，製材残材を利用した大規模ペレット工場や，一定品質の規格燃料チップのサプライチェーン構築が促進され，その結果，品質の安定した安価な燃料供給が可能になり，さらにバイオマスのカスケード利用により，製材業の活性化にもつながると考える．

165kWCHP の例に見られるように，熱は CHP 装置から生成した全量が売れることが望ましい．現在運転されている CHP 装置の熱利用例としては，次のようなものがある．

①燃料に使用する CHP 装置用チップの乾燥

②燃料に使用する CHP 装置のペレット製造（オガ粉乾燥）

③温泉に併設して温泉加温用熱として販売

④農業ハウスに併設してハウス加温用熱として販売

①，②は自己使用する燃料の製造に使用するもので，売熱収入を上げることはできない．③は，165kWCHP の例のように熱需要の季節変動や，時間変動に対応して全量を売熱することは難しい．④も同様である．

そこで，熱需要が季節や時間変動を受けにくい工業利用が，熱利用先として最適である．

日本では工業熱利用に主に蒸気が使用されるが，ヨーロッパの場合は温水が主体である．現在，日本のバイオマスガス化 CHP のほとんどがヨーロッパからの輸入品であり，温水の供給ユニットが付属している．

しかし，ガスエンジンの排ガスは 450 ～ 500℃ と高温で，これに廃熱ボイラを組み合わせて蒸気を得ることは，化石燃料を使用したエンジンコジェネで一般的に行なわれており，これをバイオマス発電にも適用することは技術的に十分可能である．

2.5.3　今後のバイオマス発電

電源に"小規模"という枕言葉がくれば"分散"と答えるという，これまでの常識を覆す事例が最近増えている．写真 2.27 のように，49kW 程度の小さな出力のものを並べて，2,000kW に限りなく近付けようというものである．ここでは「小規模集中型バイオマス発電」と呼ぶことにするが，ある意味で 2,000kW 未満 FIT40 円の制度が生んだ特異な例ともいえる．

電力の買取価格が優遇されていたイタリアやバルト 3 国でも同様の事例があるというから，政策制度がビジネスモデルに影響を与えることがわかる．

ヨーロッパのメーカーは，日本のバイオマスの特質を理解したうえで納入することが重要で，日

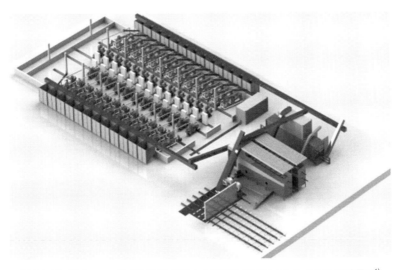

写真2.27　独Spanner社が八代市に建設中の75kWx 25基からなるバイオマス発電所[6]

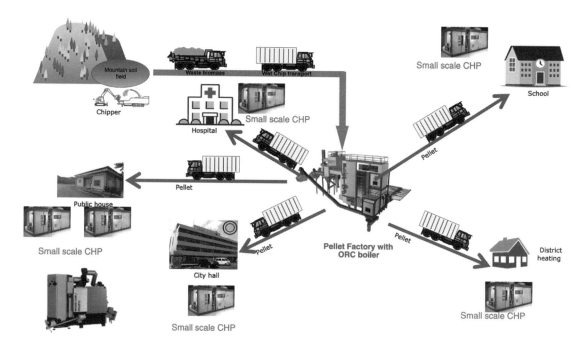

図2.59　ヴンジーデルの小規模分散型エネルギーモデル

本のガス化用チップやペレットの規格化が必要だと考えている．また，CHPは発電機付きの熱供給装置と考え，熱電を合わせることできわめて高いエネルギー効率を得ることができる．

熱利用を考えず発電だけを目的として導入することは，バイオマスエネルギーの有効利用にも反することになり，ある意味，FIT制度がバイオマスの低効率エネルギー利用を助長した面がある．

2019年9月に開催された第46回調達価格算定委員会で，ようやくバイオマス熱電併給装置の熱利用の有効性について触れられており[3]，今後のFIT制度改正に盛り込まれる可能性もある．

蒸気のような使いやすい熱を供給する，温水のような低温熱でもうまく利用するなど，供給側と需要側のシステム設計が今後重要になり，FIT見直しを契機としてバイオマス発電は，FITに頼らない新たな段階に進む時期にきているといえる．

バイオマスエネルギーで日本版シュタットヴェルケを考えた場合も，熱の利用が鍵になる．ここで参考になるのは，ドイツの小さな町ヴンジーデル（Wunsiedel）で実践されているモデルである（図2.59）．

この町には，ヨーロッパで一般的に普及している大きな熱供給網がなく，中心にある発電出力750kWのORC熱電併給設備でつくられた熱は，ペレット製造という形で固形燃料に姿を変え，周辺に分散配置された小型ガス化CHP用の燃料として販売されている．

ヴンジーデルの例は，熱供給インフラストラクチャーのない日本の小さな市町村で実現可能なモデルであり，町の主要施設がまとまる"コンパクトシティ"構想と組み合わせれば，災害に強い，再生可能エネルギーを中心とした街づくりが可能になるのではと考えている．

参考文献
1）滝沢渉／財務省貿易統計から「On-site Report」作成
2）資源エネルギー庁／第46回調達価格等算定委員会配付資料1（2019）
3）NEDO新エネルギー部／バイオマスエネルギー地域自立システム化実証事業説明資料
4）提供・バンブーエナジー㈱（2019.08）
5）笹内謙一／バイオマスエキスポフォーラム２０１８資　料（2018.5.31）
6）ドイツ・Spannerプレスリリース（2018.3.28）
https://www.holz-kraft.com/en/news/actual/647-28-03-18-re-realizes-large-scale-project-in-japan.html#null

日本の電力網と電力運用

第3章では，日本に発電機が導入されて全国に電力系統が形成されていくまでの歴史的な流れや，日本の電力系統の特徴と運用状況など，そして現在の電力システムの課題と再生可能エネルギーの大量導入に向けた新しい概念や実証研究について紹介する．さらに，再生可能エネルギー大量導入には不可欠となる気象予報と太陽光発電予測・風力発電予測，電力需要予測に関する最新の技術動向と応用研究例などについても触れる．

3.1 日本の電力系統の現状と課題

3.1.1 電力系統の概要

　私たちの生活に欠かすことのできない電力は貯蔵が困難なため，需要家のニーズに沿って発電し，速やかに届ける必要があり，発電から需要家までの電力の流れを「電力系統」や「電力システム」という．

　最初は1つの発電機から負荷に供給する形から，1900年頃には数基の発電機で構成される発電所から電力を供給するシステムへと拡大し，さらに他の発電所の発電機と送電線を介して接続され，発電機相互が同期して電力を送るシステムへと発展した．

　初期は需要家近くにあった発電所は，より大きな電力を水力から得るために遠く離れ，遠隔地から大容量の電力を送るために高電圧化が必要となった．

　そこで，発電所で発電された電力は変圧器で昇圧して需要地まで送電され，そこで再び必要な電圧に降圧して需要家に配電されるようになった．

　こうして電力系統は発電〜送電〜配電で構成され，発電から配電されるまでの間にいくつかの変電所が置かれ，段階的に高電圧から低電圧へと降圧されている．

　第2次世界大戦前に最高154kVの送電網が構築され，現在ではその上位として275kV送電系統，さらにその上位に500kV送電系統が日本中に張り巡らされ，1,000kV送電技術も開発されている．図3.1は，発電所から需要家までの電力系統の構成を示している．

　電力系統間は主に「交流」で接続されるが，周波数の異なる系統間の接続，長距離かつ大電力輸送を必要とする接続，長距離ケーブルによる接続については，技術・経済面から周波数変換設備や直流送電線などを介して「直流」で接続される．

　1979年に北海道—本州間の電力系統が接続され，北海道から九州までの全国連系が完成し，全国一貫した広域運営がなされるようになった．図3.2に，日本の電力系統を示した．

3.1.2 電力系統の運用と制御

(1)電力系統の特徴と運用状況

　日本の電力系統の特徴は「大容量・高電圧」システムであり，遠隔地にある発電所から大都市の電力需要地まで長距離送電されていることである．

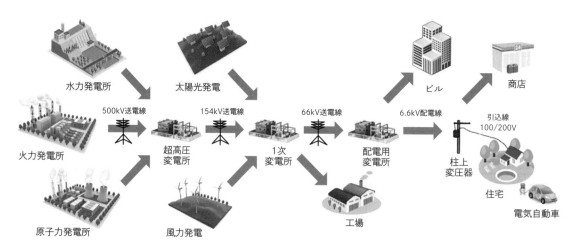

図3.1　電力系統の構成

　送電線は山岳地帯に多く設置されているため雷害が多く，海に囲まれているため塩害もあり，また台風の被害も多い．東日本では50Hz，西日本では60Hzと2つの異なる周波数で運用されており，これは日本の電力系統の大きな特徴である．

　この周波数の違いは，日本に電気が普及し始めた明治時代に，関東はドイツ製発電機，関西はアメリカ製発電機が導入された歴史的な背景が関係している．これら両周波数の電力系統の間は，静岡県佐久間（300MW），長野県新信濃（600MW），および静岡県東清水（300MW）にある周波数変換設備により直流で接続されている．

　また，島国である日本は，北海道，本州，四国，九州の各島間を高電圧の送電線で結び，万一の場合に電力を融通し合えるようにしている．交流電力で電力を融通しているものを「交流連系」といい，本州—九州間（関門連系線）および本州—四国間（本四連系線）がそれぞれ500kV送電線で連系され運用されている．

　一方，直流電力で電力を融通しているものを「直流連系」といい，北海道—本州間（北本連系線）および本州—四国間（阿南紀北直流幹線）が直流送電線（架空送電部分＋海底ケーブル部分）で連系され運用されている．

━━ 50万V送電線
── 15.4〜27.5万V送電線
‥‥ 直流連系線
○ 主要変電所，開閉所
□ 周波数変換所（F.C.）
● 交直変換所

北本連系線
北海道と本州は，函館と上北に交直変換設備を設置し，この間を架空送電線および海底ケーブルで結んでいる．

関門連系線
本州と九州は，50万V送電線で連系されている．

周波数変換所（F.C.）
東日本の50Hz系統と西日本の60Hz系統は，静岡県佐久間（30万kW），長野県新信濃（60万kW）および静岡県東清水（30万kW）の周波数変換所で連系されている．

本四連系線　阿南紀北直流幹線
本州と四国は，瀬戸大橋に添架された50万V送電線と，阿南と紀北に交直変換設備を設置し，この間を架空送電線および海底ケーブルで結んでいる．

図3.2　日本の電力系統（出典：電気事業連合会）

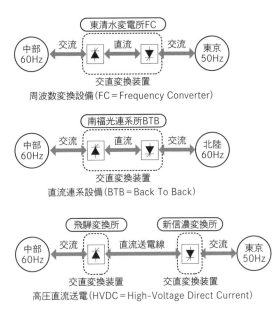

図3.3　交直変換装置による系統連系

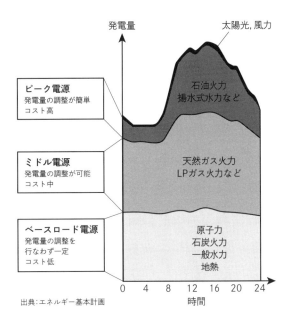

出典：エネルギー基本計画

図3.4　1日の電力使用状況と使用電源構成

　各島間を接続するには長距離の送電線が必要となり，長距離送電の場合，交流よりも直流のほうが，送電時の電線の抵抗などにより電気エネルギーが熱エネルギーに変換されて失われる送電損失が少ないため，直流連系が採用される.

　ただし，直流連系には，送電線の両端に交流→直流→交流に変換する交直変換所が必要となるため，建設コストや保守・運用コストがかかる.

　また，本州内では中部電力と北陸電力が関西電力を介して間接的に連系していたが，供給信頼度の向上と両者間の相互融通能力の拡大による電力の安定供給を目的に，中部電力と北陸電力の間を直接結ぶ「南福光連系所」が富山県南砺市に設置された.

　これは，日本で唯一の電力連系所である. 中部電力と北陸電力の連系により，関西電力を含めた3社間の大きな交流ループ系統が形成され，互いの電圧差，位相差，周波数差，その他要素により電力潮流を制御することが困難となってしまう.

　そこで，潮流調整能力を持つ300MWの交直変換装置を介して，電力の量と方向を迅速かつ容易に制御できる直流連系方式が採用された. **図3.3**に交直変換装置の種類を示す.

　日本の一日の代表的な電力使用状況は**図3.4**のようであり，昼夜の電力使用量の差が大きいことがわかる. この電力需要を満たすように，電力系統の各種電源により電力が供給されている.

　ベース供給電源として，安定に連続運転が可能で燃料費が安い原子力・石炭火力・流れ込み式水力・地熱など，ミドル供給電源として，日間での起動停止や出力変化への対応が可能なLNG（液化天然ガス）火力やLPG（液化石油ガス・プロパンガス）火力など，ピーク供給電源として，頻繁な起動停止や大きな出力変動への対応が可能な石油火力や揚水式水力などにより供給電源が構成されている. 基本的にベース電源で一定の電力を確保しつつ，ミドル電源で電力の帳尻を合わせている.

　図3.5に2010年以降の発電電力量と電源構成の推移を示す. 電力需要は，景気の動向や政治，社会的な出来事に影響される. グラフにはないが，戦後の高度成長期や好景気時は需要が顕著に伸び，石油危機や不景気のときは停滞もしくは低下する.

　水資源の多い日本では，かつては水力発電が主流であったが，高度経済成長以降は豊富で安価な石油を用いた火力発電に移行した. しかし，石油危機以降は発電方式の多様化が進み，原子力やLNGなど石油に代わるエネルギーが導入されていった.

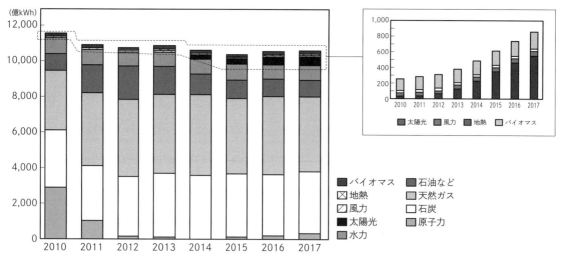

図3.5 日本の発電電力量と電源構成の推移(参考：日本原子力文化財団／原子力・エネルギー図面集)

　このように，経済発展などによって電力需要は急速に上昇してきたが，図3.5に示すように近年は鈍化傾向にあり，とくに，2011年の東日本大震災以降は停滞が続いている．この理由の1つとして，震災時の電力供給力不足の経験から，節電に対する多方面におけるさまざまな取組みや，1人1人の意識の高まりも関係していると考えられる．

　また，震災以降は原子力発電所の停止に伴い，国を挙げて再生可能エネルギーの導入が加速しているものの，震災前の原子力発電による供給量には到底及んでおらず，LNGや石炭などによる発電の割合が増加しているのが現状である．

(2)周波数の維持

　電力系統で需要と供給のバランスが崩れると，周波数が50Hzもしくは60Hzから変動する．需要に対して供給が不足すると周波数は低下し，供給が需要を上回ると周波数は上昇する．逆にいえば，周波数が50Hzや60Hzに保たれているとき，需要と供給のバランスが取れていることになる．

　巨大な電力系統において電気は貯蔵できないため，あらかじめ需要を予測して需給バランスを取るように発電するが，需要は時々刻々と常に変動するので周波数も変動してしまう．日本の周波数偏差目標値は，0.2～0.3Hz以内とされており，周波数を一定に維持するための周波数制御が行なわれている．

(3)電圧の維持

　需要増加などで電流が増すと需要家側の電圧が低下し，需要が減少して電流が減ると電圧が上昇する．電力系統に接続する各種の機器は，ある電圧の大きさの範囲内で動作するように設計されているため，電圧においても適正な範囲に維持するように電圧制御が行なわれている．

　私たちの住宅に供給されている電圧は，101±6Vや202±20Vの範囲内に収まるように制御されているため，たとえば変電所では，リアクトルやコンデンサからなる調相設備の入り切りによる無効電力の調整や，変圧器の変圧比の調整により電力系統の電圧を制御している．

(4)供給予備力の確保と供給信頼度の向上

　夏や冬の時期に空調設備がフル稼働するなどして需要がピークに達した場合や，災害などで電力系統で故障が発生した場合に，供給量が不足しないよう電源の予備力を常時確保しておく必要がある．この予備力は，発電機をその最大出力以下で運転して余裕を持たせることで確保しており，需要の8～10%以上が目標とされている．

(5)日本の電力品質

　再生可能エネルギーは天候により出力が変動するため，電力品質の低下が懸念される．一方，需要家側では，高度な電子機器が増えており，高品質な電源確保が要求され，また，この機器自体も

場合によっては電力品質を悪化させることがある.

交流系統における電力品質は，先にみてきた周波数，電圧，供給信頼度である．電力品質の維持は需要家へのサービスであり，電力系統を安定に運用するためにも必要である.

図3.6は，供給信頼度の大きな指標となる停電頻度を示している．近年，日本の停電頻度は非常に少なく，1985年前後から1軒あたりの年間停電回数は1回を切るようになり，2017年はわずか0.14回という少なさである.

これほど停電が少なく，電力を安定供給できている国は他にない．図3.6では中国や東南アジアは比較対象外になっているが，これら各国では急激な経済成長にインフラストラクチャー整備が追い付かず，地域によっては計画停電や慢性的な電力不足が続いている.

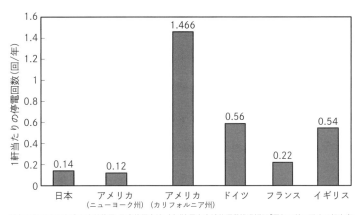

(注) 日本は2017年度の事故停電・作業停電実績. (出典) 電力広域的運営推進機関「電気の質に関する報告書（2017年度実績）」アメリカは大嵐を含む2017年実績. (出典) 海外電力調査会「海外電気事業統計（2018年版）」ドイツ・フランス・イギリスは2016年の事故停電・作業停電実績. (出典) CEER「Benchmarking Report 6.1 on the Continuity of Electricity and Gas Supply」

図3.6 各国の1軒あたり停電回数（参考：東京電力ホールディングスホームページ）

3.1.3　課題と取組み

(1)現在の電力システムの課題と対策

このように日本の電力品質は世界に誇れるものであるが，それが決して絶対ではないことを思い知らされたのが2011年3月の東日本大震災であり，2018年9月の北海道胆振東部地震に伴う大規模停電（ブラックアウト），そして2019年9月の台風15号による千葉県の長期大停電である.

それぞれの事象の原因は異なるものの，このような災害によって大規模な電源停止が発生した場合，計画停電の実施など社会に及ぼす影響は甚大なものになる．空気や水と同様に私たちが生活するうえで不可欠な電気が突然使えなくなり，それは決して当たり前に存在しているのではないのだと思い知らされる.

電力の安定供給のために運用面や制御面でさまざまな対策が取られてきているが，より確実な対策の1つとして，先のエリア間の連系線の増強が進められている．元来，主に緊急時の電力融通用

につくられたものであるため，現時点ではエリア間の連系線の数とその容量が少ない.

そこで，エリア間の相互応援能力の拡大をはかるため，北海道―本州間は北本連系線と新北本連系線との2ルート（共に直流連系）に増強され，2019年3月から運用を開始している．これにより，北海道―本州間の連系容量は，600MWから900MWに増加した．また，東北―東京間も1ルートから2ルートに増強中である.

東京―中部間も，東日本大震災で電力供給力が大幅に不足する事態が発生したことで，これまでの1,200MW（新信濃変電所600MW，東清水変電所300MW，佐久間周波数変換所300MW）に900MW（高圧直流送電）増強中で，2020年度からの運用を目指し建設が進んでいる．さらに，中国―九州間にも，1ルートから2ルート化への議論が始まっている.

これらエリア間連系線の増強は，電力融通能力の拡大だけでなく，再生可能エネルギーの導入拡大や電力取引の拡大に寄与できると考えられる.

(2)新しい電力システム構築への取組み

電力の供給信頼度の向上と再生可能エネルギーの大量導入・効率的運用は，これからの電力システムにおける大きな課題である．1.2で述べたように，再生可能エネルギーは天候に大きく左右され，出力を制御することが難しく，大量に導入さ

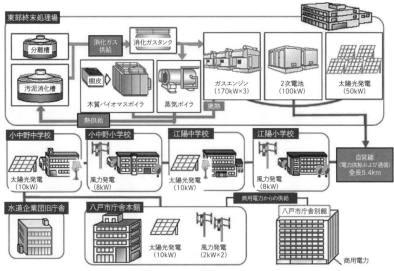

東部終末処理場
分離槽
汚泥消化槽
消化ガス供給
消化ガスタンク
樹皮
木質バイオマスボイラ
蒸気ボイラ
廃熱
ガスエンジン（170kW×3）
2次電池（100kW）
太陽光発電（50kW）
熱供給
小中野中学校　太陽光発電（10kW）
小中野小学校　風力発電（8kW）
江陽中学校　太陽光発電（10kW）
江陽小学校　風力発電（8kW）
自営線（電力供給および通信）全長5.4km
水道企業団旧庁舎
八戸市庁舎本館　太陽光発電（10kW）　風力発電（2kW×2）
商用電力からの供給
八戸市庁舎別館
商用電力

ガスエンジン
受配電盤
木質バイオマスボイラ
ガスタンク
熱およびガス配管
2次電池

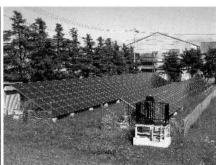

図3.7　実証研究システム（出典：Japan Smart Community Alliance）

れるにつれて供給面での不確実性が増大し，また，いろいろな系統運用上の制約を満足できなくなる．

このように，現時点では電力の安定供給と再生可能エネルギーの大量導入との間には，トレードオフの関係があるともいえる．その解決策として提案されている新しい電力システムには，次のようなものがある．

①マイクログリッド

再生可能エネルギー始め各種の分散型電源と需要家を持つ小規模系統で，複数の電源と熱源がIT技術を使って一括制御管理され，既存の電力会社の商用系統から独立して運用可能なオンサイト型の電力システムである[1]．

再生可能エネルギーや負荷の変動を，可制御電源や電力貯蔵装置の充放電制御により吸収して運用する．もし，主系統で供給支障が発生した場合は系統から切り離して自立運転に移行させること

で，供給信頼度の向上を期待できる．

マイクログリッドの実証研究例として，「愛・地球博」の「NEDO連携・新エネルギープラント」や，「八戸市水の流れを電気で返すプロジェクト」などがある（図3.7）．

②スマートグリッド

電力の流れを供給側・需要側の双方から制御し最適化できる送電網で，専用の機器やソフトウェアが送電網の一部に組み込まれている．ただし，その定義は曖昧で，いわゆる"スマート＝賢い"をどの程度と考えるかは明確ではない．かつてアメリカのオバマ政権が，「グリーン・ニューディール政策」の柱として打ち出したことが始まりである．

従来の送電線は，大規模な発電所から一方的に電力を送り出す方式だが，需要のピーク時を基準とした容量設定では無駄が多く，送電網自体が自然災害などに弱く，復旧に手間取るケースもある．

そのため，送電の拠点を分散し，需要家と供給側との双方から電力のやり取りができる"賢い"送電網が望まれている．

スマートグリッドの利点として，ピークシフトによる電力設備の有効活用と需要家の省エネルギー，再生可能エネルギーの導入，電気自動車などエコカーの社会基盤整備，停電対策などが挙げられる．

一方，欠点としてセキュリティ上の問題があり，スマートグリッドの社会基盤には高度な通信システムや技術が結集しており，そこへの不正操作やウィルス感染などの対策が不十分なため，今後セキュリティの脆弱性克服が課題となる．

経済産業省の「次世代エネルギー・社会システム協議会」主導の下，神奈川県横浜市，愛知県豊田市，京都府けいはんな学研都市，福岡県北九州市の4地域で実証実験が行なわれた（2014年度で終了）．

また，東日本大震災後の被災地復興を背景に，東北8地域で「スマートコミュニティ導入促進事業」が，また東京電力や九州電力でも実証試験がなされている．

③バーチャルパワープラント（VPP）

さまざまな電源を集合的に監視・制御するシステムで，需要家側のエネルギーリソースを電力システムに活用するしくみをいう．工場や家庭などが持つ分散型の小規模エネルギーリソースを，IoTを活用した高度なエネルギーマネジメント技術によって束ね（アグリゲーション），遠隔・統合制御することで，電力の需給バランスを調整する．

このしくみは，あたかも1つの発電所のように機能するので「仮想発電所」（VPP）といわれ，負荷平準化，再生可能エネルギーの供給過剰の吸収，電力不足時の供給などの機能として，電力システムで活躍することが期待されている．図3.8は，VPPのイメージである．

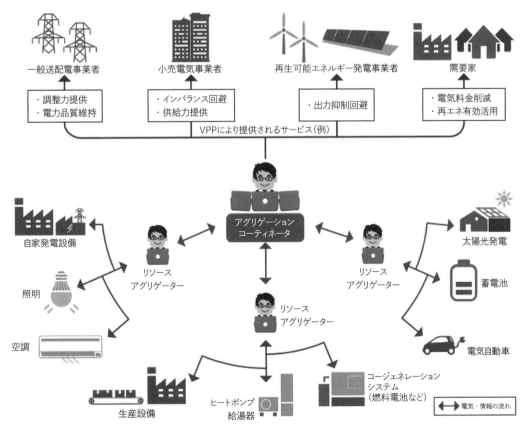

図3.8　VPPのイメージ（出典：経済産業省 資源エネルギー庁）

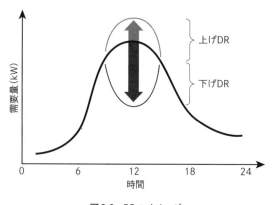

図3.9　DRのイメージ

DR”と需要を増やす“上げDR”に区分される（**図3.9**）．

　たとえば，下げDRによりピーク需要のタイミングで需要機器の出力を落とすことで，需要量を減らすことができる．一方，上げDRにより再生可能エネルギーの過剰出力分を，需要機器を稼働させて消費したり蓄電池に充電することで，需要量を増やすことができる．

　需要制御の方法として，電気料金設定により電力需要を制御する「電気料金型」，電力会社やアグリゲータなどと需要家が契約を結び，需要家が要請に応じて電力需要の抑制などをする「インセンティブ型」がある．

　将来の電力システム改革を見据えた離島系統における再生可能エネルギー導入の実証試験が，東京・新島および式根島で2014～2018年度まで行

④デマンドレスポンス（DR）

　需要家側エネルギーリソースの保有者もしくは第三者が，そのエネルギーリソースを制御することで，電力需要パターンを変化させることをいう．需要制御のパターンにより，需要を減らす“下げ

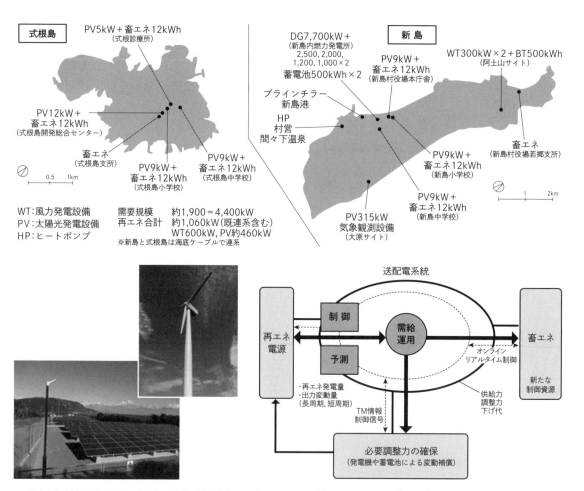

図3.10　実証設備（新島，式根島）（出典：NEDOウェブサイト　https://www.nedo.go.jp/news/press/AA5_100754.html）

なわれた.

　この実証試験は，2030 年頃の「エネルギーミックス」（電源構成）で想定される再生可能エネルギーの 22 〜 24％導入を模擬した電力系統（太陽光発電（PV），風力発電（WT），蓄電池，既存設備を組み合わせた系統）で，予測技術や出力制御技術の高度化と，需給運用技術の基本的な手法確立を目指したもので（図 3.10），その 1 つとしてヒートポンプ給湯機を用いた DR 実証が行なわれた[2].

　この他にも，横浜スマートシティプロジェクトにおける家庭用 DR の検討・導入や，川崎市役所庁舎の冬季使用電力の DR 実証など，各所で実証試験が行なわれている.

　⑤デジタルグリッド[3]

　「デジタルグリッド」は，情報とそれを使ってアクティブに電力制御を行なう半導体素子を組み合わせ，電力潮流を制御する新しい電力システムである．デジタルグリッドの構成は，図 3.11 のように基幹系統と中小規模系統とが非同期連系したハイブリッド型の電力ネットワークとなっている.

　「非同期連系」は，別々の交流系統どうしを直流を介して接続することで，このしくみ自体はすでに日本の電力系統に存在しているが，肝心なことが電力変換技術であり，なかでも「BTB」（Back To Back）と呼ばれる技術は，デジタルグリッドのなかで重要な役割を担っている.

　非同期連系された系統においては，同期系統では大きな強みであり，再生可能エネルギー大量導入時の欠点であった電圧や周波数の制約がなくなる.

　このような基幹系統における電気的制約から解放された中小規模な電力系統は，固有の電源と需要を持ち，自立可能なものとなる．この自立可能な中小規模系統は「セル」（cell）と呼ばれ，家 1 軒といっ

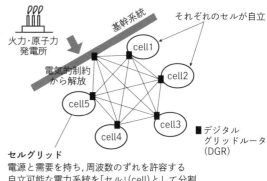

図3.11　デジタルグリッドのイメージ

た小さな単位から，都道府県や東日本といった大きな地域レベルもセルになり得る.

　また，基幹系統とセルの接続部分には「デジタルグリッドルータ」（DGR）と呼ばれる多端子型の電力変換器が用いられ，基幹系統と多数のセルとがお互いに接続し合った構成となる．接続はしていても非同期連系なので，さまざまな電圧階級別や直流，異なる周波数とも接続して電力を融通でき，災害にも強い電力系統となる.

　実証事業として，災害時の電力融通も視野に入れ，ブロックチェーン技術を活用した再生可能エネルギー導入を促進する実証実験が 2019 年 4 月からスタートしている（図 3.12）．埼玉県のコンビニエンスストアや戸建住宅に専用機器を設置し

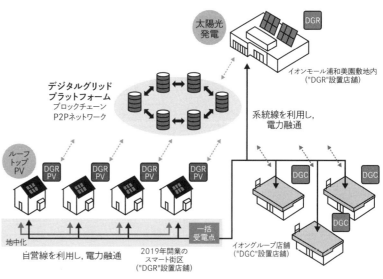

図3.12　実証実験のイメージ（出典：イオン）

表3.1　電力系統用エネルギー蓄積装置の種類

形　態	貯蔵エネルギー	主な用途
揚水発電	位置エネルギー	負荷平準化
フライホイール	運動エネルギー	瞬低・停電補償，電力系統制御
2次電池	電気化学エネルギー	負荷平準化，非常用電源，瞬低・停電補償
電気二重層キャパシタ	静電エネルギー	発電電力平準化，瞬低・停電補償
超電導貯蔵（SMES）	電磁エネルギー	瞬低・停電補償，電力系統制御
圧縮空気貯蔵（CAES）	圧力エネルギー	負荷平準化
水素電力貯蔵	電気化学エネルギー	負荷平準化
メタンガス貯蔵	化学エネルギー	再エネの出力変動補償
製氷貯蔵	熱エネルギー	負荷平準化

て，系統と切り離された地域をつくることで再生可能エネルギーの発電を最大限生かすことを目的としている．

また，再生可能エネルギーの有効活用による低炭素化をはかるとともに，災害時の電力の自立運営を目指している．

(3)再生可能エネルギー大量導入の最新動向

次に，再生可能エネルギーの大量導入に必要となる重要技術の最新動向を紹介する．

①再生可能エネルギーの予測・制御・運用技術の高度化

天候により大きく左右される電源の出力制御を，時間単位やエリア単位などでできるだけ高精度に行なえるようにするためには，出力予測や把握技術を高度化する必要がある．

国立開発法人「新エネルギー・産業技術総合開発機構」（NEDO）では，2030年頃の再生可能エネルギー導入拡大に向けた課題解決を目的として，「電力系統出力変動対応技術研究開発事業」を

2014〜2018年度まで実施した[4]．

この事業は，電力需給運用に影響を及ぼす風力発電出力の急激な変動に着目し，再生可能エネルギーの発電量予測技術や，予測技術を用いた出力変動抑制技術を高度化させ，出力予測と出力制御による需給運用手法を確立することを目的としたものである．

2014年から，風力発電予測・制御高度化および予測技術系統運用シミュレーションを実施，再生可能エネルギー連系拡大対策高度化として，風力発電を対象としたものを2015年から，太陽光発電を対象としたものを2016年から実施している．

再生可能エネルギーの発電量を予測するために必要な気象予測や，需給計画・運用・制御に必須となる発電予測・需要予測などの予測技術については，3.2で詳しく紹介する．

②多様な電力系統用エネルギー蓄積装置の動向

電力系統用エネルギー蓄積装置にはさまざまな形態があり，電気エネルギーを別のエネルギーと

表3.2　蓄電池の種類

		NaS電池	レドックスフロー電池	鉛蓄電池	ニッケル水素電池	リチウムイオン電池
構成材料	正極	硫黄	バナジウムイオン（5価）	二酸化鉛	オキシ水酸化ニッケル	リチウム化合物
	負極	ナトリウム	バナジウムイオン（2価）	鉛	水素吸蔵合金	酸素チタン化合物
	電界質	セラミックス	硫酸バナジウム水溶液	硫酸水溶液	水酸化カリウム	有機溶媒
理論エネルギー密度(Wh/kg)		786	100	167	225	〜585
耐久性	サイクル寿命(サイクル)	4,500	―	4,500	3,500〜	3,500〜15,000
	カレンダー寿命(年)	15	20	10〜17	5〜10	6〜20
主な特徴		大型・高容量	大型・高容量・高安全	高安全	高出力・高安全	小型〜大型・高出力

して蓄えておき，必要に応じて電気エネルギーに変換して利用するものや，用途も負荷平準化，系統制御，非常用電源など多様である（表3.1参照）．

再生可能エネルギー大量導入と共にその出力変動補償としても有効に利用されており，このエネルギー蓄積装置は，これからの電力系統に不可欠な要素の1つである．

たとえば，高速応答の蓄電池の充放電により再生可能エネルギーの出力変動を抑制し，曇天時の出力低下で供給不足になる場合はアンバランス分を瞬時に放電し，快晴時の出力上昇で供給余剰になる場合はアンバランス分を瞬時に充電して，電力系統の周波数変動を抑制することが期待できる．

既存の発電機のなかで応答性能が高いとされる水力発電の場合，1分で定格出力の20～30％程度にしか達しないが，蓄電池は出力ゼロの状態から1秒程度で最大充放電出力へ到達可能である．この蓄電池もさまざまなものが開発されており，それぞれ性能や特徴が異なる（表3.2参照）．

③再生可能エネルギー大量導入による出力変動対応を目的としたエネルギー蓄積装置の実証試験

ここでは，①，②で紹介した実証試験項目およびエネルギー蓄積技術のなかから，「圧縮空気エネルギー貯蔵システム」（CAES ＝ Compressed Air Energy Storage）の実証試験，「ヒートポンプ／バイオガス発電併用熱供給システム」（P2H ＝ Power to Heat）の実証試験について紹介する[5]．

CAESシステムの実証試験は，再生可能エネルギー大量導入を目指し，風力発

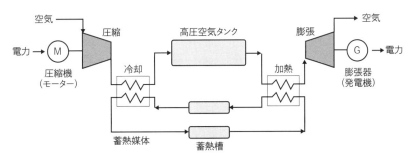

図3.13　CAESの原理

電を電力系統上で安定利用するためのエネルギー蓄積システム制御技術の確立を目的としたもので，発電量の予測情報に基づく制御技術も用いている．

CAESシステムは，風力発電から得た電力を使って圧縮機（モータ）で空気を圧縮，高圧状態で貯蔵し，電力が必要な際に貯蔵した圧縮空気で膨張機（発電機）を回転させ電力を発生する．さらに，圧縮の際に発生する熱も貯蔵し，放電時に再利用することで充放電効率を向上させており，空気と水しか排出しないクリーンなシステムである．

図3.13，図3.14に，その原理と実証設備の概要を示した．

P2Hの実証試験は，現状ではコストが高い蓄電池の代替策として，バイオガス発電機にヒートポンプを組み合わせた新しい熱供給システムを用

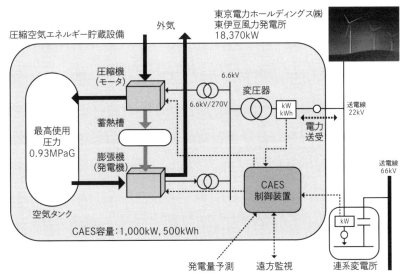

図3.14　実証設備の概要
（出典：エネルギー総合工学研究所）
http://www.iae.or.jp/2017/04/20/20170420news-release/）

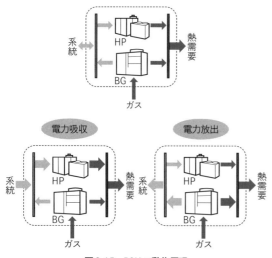

図3.15　P2Hの動作原理
(参考：北／「Power to Heat(P2H)による電力系統出力変動対応技術」，電気学会公開シンポジウム(2016/12/12))

いて，再生可能エネルギー出力変動対応技術の開発を目指したものである．

図3.15に動作原理を示す．バイオガス発電機(BG)の出力を絞り，ヒートポンプ(HP)の割合を増加させることで仮想充電モードとなる．逆に，HPによる熱供給を抑制し，BGの割合を増加させると仮想放電モードとなる．

参考文献
1) 合田他／「マイクログリッド—分散型電源と電力ネットワークの共生のために—」(日本電気協会新聞部，2004年)
2) 馬場旬平，今田博己／「将来の電力システム改革を見据えた離島系統における再生可能エネルギー導入実証試験(新島プロジェクト)」(『電気学会誌』，138巻11号，pp.746-749，2018年)
3) 阿部力也／「デジタルグリッド」(エネルギーフォーラム，2016年)
4) 新エネルギー・産業技術総合開発機構ホームページ
5) 蓮池宏，林泰弘／「蓄エネルギー技術を用いた出力変動制御技術の開発」(『電気学会誌』，138巻11号，pp.738-741，2018年)
6) 山口純一，中村格，湯地敏史／「送配電の基礎」(森北出版，2019年)
7) 石亀篤司／「電力システム工学」(オーム社，2013年)
8) 大久保仁／「新インターユニバーシティ　電力システム工学」(オーム社，2008年)
9) 加藤政一，田岡久雄／「電力システム工学の基礎」(数理工学社，2011年)
10) 荒井純一，伊庭健二，鈴木克巳，藤田吾郎／「基本からわかる電力システム講義ノート」(オーム社，2014年)

3.2　再生可能エネルギーと気象予測

太陽光発電システムの大量導入が進み，導入量は約49.5GW(2019年3月末時点)，認定容量は70.2GWと推定されている[1]．また，風力発電の導入量は1.1GW，認定容量は8.3GWである．

今後さらに再生可能エネルギーの導入が加速すれば，出力の自然変動も大きくなるため，電力需要との調整(需給一致)には発電電力量(発電量)の予測が欠かせない．その調整には火力発電や水力発電，揚水発電などさまざまな発電機の運用が求められるが，それに対して前日に翌日あるいは数時間先の出力予測情報を活用する．

たとえば，火力発電機は起動に数時間以上かかるため，前日から翌日の自然エネルギーの出力予測情報に基づいて運転計画を立てる必要がある．そこで，前日の計画には「気象予報モデル」(数値予報モデル)と呼ばれる物理モデルによる太陽光発電や風力発電の出力予測が必要になる．

3.2.1　気象予報
(1)気象予報の基礎

太陽光発電や風力発電の出力予測に欠かせない気象予報技術である気象予報モデルは，気温，気圧，風(東西風，南北風，上昇・下降流)などの各気象要素についてナビエ・ストークスの運動方程式(時間・空間微分の方程式)や熱力学の式で大気の動きを記述する．

日射量予測は，放射過程のなかで計算・予測される．時間微分は，その場その場の気象の変動が正・負の時間変化傾向で計算できるので，将来の予測値を得ることができる．

気象予報モデルは気象予報のためのプログラム群で，仮想の地球大気(海洋を含む場合もある)を模擬し，日本などの地域に絞った「領域モデル」や，地球全体を予測する「全球モデル」などがある．

領域を数kmメッシュ，数十kmメッシュに分けて予測計算するが，大気中には水蒸気が凝結することで雲が発生し，さらに雨や雪が降るため，そのような予測を雲物理過程で計算する．地形や

地表面の粗度，地中温度，湿り具合を表現する地表面過程や，海からの水蒸気などの供給や海氷なども表現する（図3.16）．

気象予報モデルは水平，高さ方向に次元を持つ3次元モデルであり，多量の微分方程式を処理することから，気象庁など現業での運用は高速で高精度の「スーパーコンピュータ」による計算が必要になる．

計算科学分野の発展と共に気象予報技術も発展しており，気象庁は2018年6月にスーパーコンピュータを更新した．それによって，新しい予測スキームの実行や「メソアンサンブル予報」（3.2.1（3）参照）の現業化などが実用化されつつある．

(2) 予測区間（信頼度情報）

太陽光発電の出力予測には誤差があるため，発電量の予測値に対して予測の信頼度情報を付加する技術開発も進められている．

図3.17はその一例で，横軸はある一日の時間を，縦軸は太陽光発電の出力の大きさを示す．＋は実測値の平均値，○は予測値を表わし，メッシュ部分の箱は予測が外れる可能性を表現している．箱の幅がその範囲で予測が外れる可能性を意味し，「予測区間」とも呼ばれて予測の信頼度情報となる．

予測値がどの程度外れる可能性があるか，区間幅を持って情報を提供し，実測がその区間内にある確率を97.5%，95.0%…のように与え，その予測値がどの程度確からしいかを表現する．

予測区間の与えかたには，過去の実績から予測誤差を分析する方法，予測誤差を確率分布で与える方法，アンサンブル予報の活用などいくつかの方法がある．

2019年秋現在，電力会社の中央給電指令所にはこのような情報は実装，運用はされていないが，今後このような情報も踏まえた電力システムの運用が望まれる．

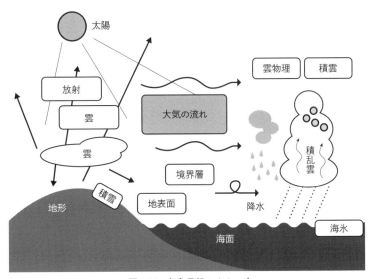

図3.16　気象予報のイメージ
(気象庁予報部，平成30年度数値予報研修テキスト「第10世代数値解析予報システムと数値予報の基礎知識」より引用)

(3) 確率予報（メソアンサンブル予報）

初期条件などを複数準備し，単一の予測だけでなく複数の予測を行なうことを「アンサンブル予報」，さらに高空間解像度でのアンサンブル予報を「メソアンサンブル予報」と呼び[4]，これを活用することで予測の信頼度情報を新たに提供することが可能となる．

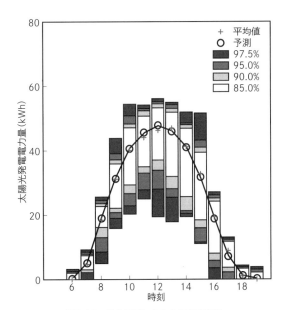

図3.17　出力予測に与える信頼度情報
(Fonseca Jr. et al, JEET, 2018[3]より引用（ライセンスはCC BY-NC 3.0に基づく），著者が一部改編)

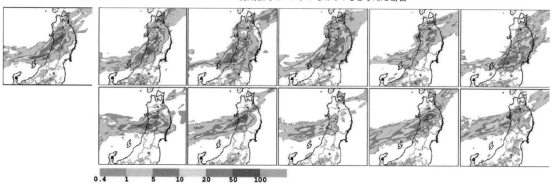

図3.18　メソアンサンブル予報(降水量の分布)の一例
(気象庁「気象業務はいま―守ります　人と自然と　この地球2019―」より引用)

　従来は1つの予測を3時間ごとに提供してきたが，メソアンサンブル予報により同時に21個の予測計算を行ない，予測の信頼度情報の作成に役立てている．図3.18は，気象庁が2018年から現業利用を開始したメソアンサンブル予報の一例(降水量の分布)である．

　これまでは1つの予測情報のみであったため，予測の確度がどの程度かを知ることは難しかったが，複数予測をすることで予測がどの程度の幅を持って情報を出しているのかを推定できるようになる．予測の大外れなどに対処するうえでも，このような情報は有用と考えられている．

　太陽光発電に関しては，日射量予測が当たりやすい，または外れやすい日があるなどの情報がわかれば，電力システムの運用側でも安全側の運用(予備発電機の準備など)が事前にできるなど活用先はあろう．

　メソアンサンブル予報からの日射量予測情報については，「一般財団法人 気象業務支援センター」よりデータの一部が公開されている[5]．

3.2.2　発電予測・需要予測

(1)太陽光発電予測

　太陽光発電の出力予測には，予測のリードタイムによって適用方法が異なる．5, 6時間先までの予測には，気象衛星データや実測データを基にした短時間予測手法を用いる．数日先までの予測には，気象予報モデルによる日射量予測をベース

に発電，予測する必要がある．太陽光発電システムの仕様(モジュールの向きや角度，設備容量など)や気温依存性などの情報も必要となる．

　また，ある発電所の予測はピンポイント予測となるが，現状の気象予報技術でもこの手の予測は難度が高い．しかし，あるエリア単位(たとえば電力エリア全体など)を対象とした予測をすると，そのエリア内でも予測誤差(過大予測や過小予測)が平均化される「均し効果」が知られている．

　日射量の予測は大気中の雲の予測が最も重要であるが，最近では大気中の塵であるエーロゾルや火山灰，降雪による積雪によっても発電出力予測の誤差の要因になることが報告され，これらを加味した発電予測モデルの高度化も必要である．

　積雪については，2018年1月下旬に東京電力エリアで広域に積雪が観測されたことで，日射量予測からの発電予測に大きな予測誤差が生じたことが議論されている[6]．予測技術に関する最近の知見について，電気学会の技術報告に記載がある[7]ので参照されたい．

(2)電力融通と予測の大外れ

　最近では，「電力広域的運営推進機関」が電力エリア間の電力の融通を含めた運用を始めている．しかし，太陽光発電の出力予測が大きく外れる場合，各電力エリアだけでなく，より広域(ここでは複数の電力エリアにまたがる広さを想定)での大外れが最も厳しい状況といえる．

　国内9電力エリアを対象とした日射量予測の大

外れ時の天候パターンを調べると，日本付近が高気圧の西側に位置する場合，停滞前線（梅雨前線），台風，低気圧（南岸低気圧を含む）などのいくつかのパターンがあることが最近の調査からわかってきた[8]．

日本付近が高気圧の西側に位置する場合は天候の変わり目にあたり，降水を伴うような天候ではなく曇りや薄曇りなどが多い．この場合は，複数のエリアで同時に太陽光発電の出力予測の大外れも起こることになり，電力融通が必要になった場合には注意すべき事例といえる．

図3.19は，2014年に日射量予測が広域で外れた一例である．気象衛星から推定された日射量（実績値相当）は太平洋側ではやや日射量が高く，中部，近畿，九州ではやや日射量が少ない．しかし，前日に予測した結果や当日の予測の結果をみると，日本付近は広域で日射量を過小に予測している．その結果，当日は太陽光発電の出力が高くなり，需要に比べて余剰電力が発生するリスクがある．

このような予測の大きな外れに対して，個別の電力エリアを対象に日射量予測の大外れの事前検知についての研究開発も進められている[9]．

海外の予測機関でも日射量予測についてのアンサンブル予報を提供しているが，複数の予測のばらつき情報（アンサンブルスプレッド）と日射量予測の大外れ指標には，ある程度の相関性があることが確認されている．予測が大きく外れる危険性がわかれば，事前に予備電力を用意すべきかの判断資料ともなろう．

(3) 予測コンペ

最近，北海道電力株式会社と東京電力ホールディングス株式会社が共同で「太陽光発電量予測技術コンテスト」（PV in HOKKAIDO）を開催し，北海道エリアを対象とした太陽光発電の出力予測のコンペティションを実施した[10]．参加チームには，予測事業者，大学，研究機関の他，人工知能技術を得意分野とするベンチャー企業や海外企業などからも参加があった．

北海道では，冬季の降雪で太陽光発電システム上に積雪があると，気象予測による日射量予測が当たったとしても光が遮られ，発電予測の外れにつながることがある．実際，2018年1月22日に東京電力エリアで，南岸低気圧の通過で関東地域に降雪があり，その影響で大きな発電予測誤差が生じ，各電力エリアから電力の融通を受けて電力の需給を一致させる対応に迫られた[6]．

また，北海道では夏季に海風が吹く際に背の低い下層雲がみられ，霧なども道東地方に広域で広がることがある．その場合，気象予報モデルでは日射量予測を外してしまうことがあり，そうした予測誤差の対応も必要となる．

(4) 風力発電予測

風力発電の予測には，基礎情報として気象予報モデルによる風の予測が必要である．また，風力発電所の出力の仕様でもある「パワーカーブ」（性能曲線）がある．

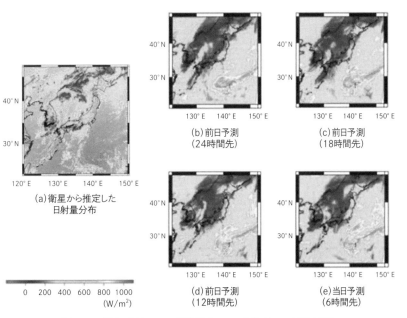

(a) 衛星から推定した日射量分布

0　200　400　600　800 1000
(W/m²)

(b) 前日予測
（24時間先）

(c) 前日予測
（18時間先）

(d) 前日予測
（12時間先）

(e) 当日予測
（6時間先）

図3.19　国内9電力エリア（沖縄電力エリアを除く）での予測大外れ
(Ohtake et al., 2018)[8]より引用（ライセンスは，CC BY 4.0に基づく），著者が一部加筆）

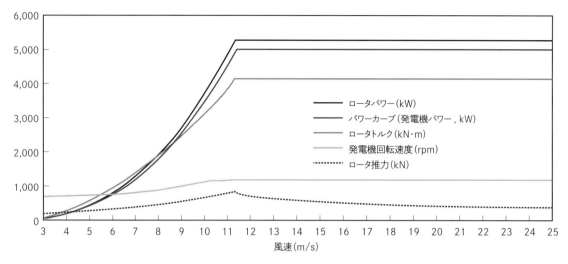

図3.20　パワーカーブ(参考文献[11]より引用，著者が一部改編)

図3.20はその一例で，横軸は風速(m/s)，縦軸は風力発電の出力の大きさ(kW)などを示している[11]．風速0～12m/sまでは，風速が大きくなるにつれて発電出力も徐々に大きくなる．また，風速12m/sを超えると，風速に依存せず一定の出力の大きさに保たれる．さらに風速25m/sを超えると，安全上の理由から風力設備のブレードの回転を止めるため出力は0となる．

気象予報モデルでは数km程度のメッシュ状に予測を行なうため，地形は実際よりも平滑化した形でモデル内に取り込むが，発電所周囲の地形などによっても風速が局地的に変化するため，実際には発電所のブレードの位置や高さも考慮する．

風力発電の出力予測の場合も，ピンポイント予測は局地的な気象状況の表現などが難しいこともあって予測しにくい．複数の風力発電設備を対象とした広域エリアでの予測を行なうことで，均し効果も加味した予測の提供，運用が現状の予測技術からみても望まれるであろう．

(5)電力需要

電力需要は，気温，湿度，日射量との相関性が高いことが知られている．気温が約20℃付近で電力需要は低くなるが，それよりも高温，低温側になるとエアコンなどの冷暖房設備を利用する機会が増え，電力需要は高くなる傾向にある．

また，平日と週末や祝日などの休日は人間の行動(生活パターン)が変わるため，電力需要の変化にも影響を与える．電力会社の中央給電指令所にも需要予測システムが導入され，運用されている[12]．

気象予報モデルは気温予報も同時に行なうので，それを入力値として需要予測を行なうことが可能である．また，1日の時系列変化にみられる人間行動などの情報も必要となる[13]．たとえば，朝は人間活動が日の出前後から徐々に活発になり，昼から夕方にかけては帰宅後に家庭での調理や給湯などで電力使用量が変化する．

一方，昼休みは照明機器の消灯などで一時的に電力需要が下がる．近年は，電力需要予測の高度化も必要となってきており，需要予測に関するコンペティションも実施されている[14]．

3.2.3　応用研究例

(1)応用研究例1(太陽光発電予測＋電力需給)

太陽光発電が増加することで，電力需要よりも過大に供給側が発電する状況が実際に起こり始めている．2018年10月，九州電力エリアでは離島を除いて初めて，太陽光発電システムへの出力制御の実施が行なわれた[15]．

今後さらに太陽光発電の導入が加速すると，出力制御量も増加すると考えられる．最近では，電力需給シミュレーションでの検討として，太陽光発電が著しく導入された系統のなかで，蓄電池を

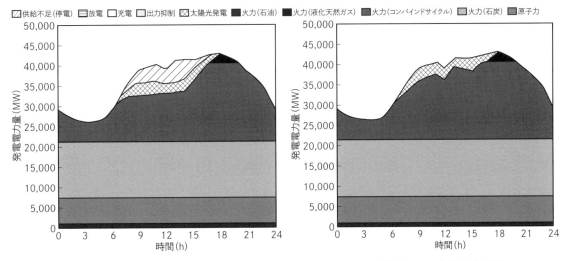

図3.21　予測を活用した需給シミュレーションの例(Kobayashi et al.(2017)[16]より引用，著者が一部改編)

想定したシミュレーション実験を行ない，太陽光発電の出力予測による電力システムの運用の変化を調べることもできる[16]．

図3.21は，そのシミュレーション実験の一例である．図3.21(a)では，予測を活用しない電力需給シミュレーション結果であるが，この場合は日中に電力需給がうまくできず供給不足(停電)の時間帯がみられている．

一方，予測を活用した場合(図3.21(b))は，停電の時間帯が解消され，予測の利用の有効性が示されている．

太陽光発電から出力されるエネルギーを効率的に活用するには，蓄電池や今後増えると見込まれる電気自動車のバッテリーなどを想定した電力需給のありかたを検討する必要がある．

(2)応用研究例2(送電)

気象情報は，送電設備の温度管理にも必要である．送電ケーブルにはアルミや銅が用いられているが，電流の他，日射，風向風速，降水などの気象パラメータによって送電線の温度が変化することが知られている．

今後，太陽光発電システムが大量導入された場合，太陽光発電の電流(逆潮流)によって送電線が高温になる可能性がある．送電ケーブルの過剰な弛みなどを防ぐためにも，送電線の熱管理は重要になる．

また，日射は送電線を温めるが，風速は強風であれば送電線の熱を奪い，弱風であればその効果は小さくなる．実際，送電線の熱管理モデルに日射量予測を変えた場合の，送電線の温度変化の感度が調べられている[17]．

図3.22は，送電線の電流量(負荷)と送電線の温度の時間変化を示したものである．送電線の温

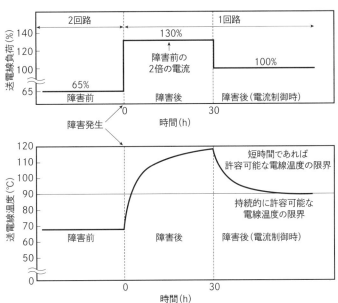

図3.22　送電線へ流れる電流量(上)と送電線の温度(下)の比較
(Sugihara et al. 2017)[18]より引用(ライセンスは，CC BY 4.0に基づく，著者が一部改編)

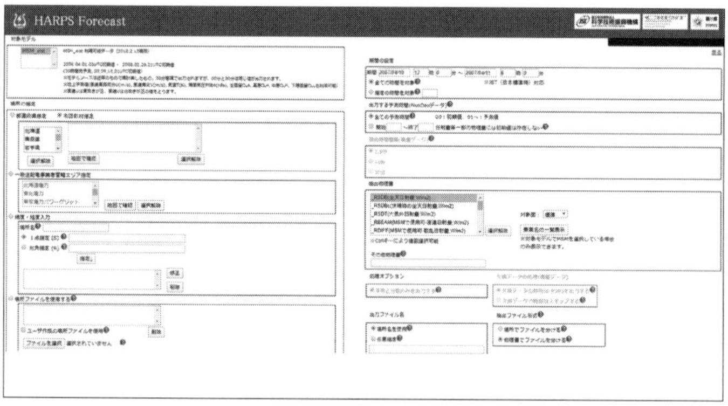

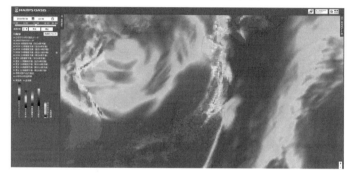

図3.23　HARPS FORECAST ウェブサイト

図3.24　HARPS OASIS ウェブサイト

度は始め70℃程度だが，送電線への電流量が上昇すると送電線の温度は徐々に上昇し，120℃付近まで高くなる．このことは送電線の弛みなどにも影響することから，適切な温度管理のためにも太陽光発電の出力推定や予測情報は重要になる．

また，2019年9～10月，日本は台風第15号，第19号によって送電設備，配電設備が大きなダメージを受けた．今後，気候変動で温暖化が加速すると，気象・気候シミュレーションなどから

図3.25　HARPS OPEN DATABASE ウェブサイト

「スーパー台風」[18]と呼ばれるきわめて強力な台風の発生が予測され，設備設計の見直しなども必要になる可能性がある．

(3)応用研究の加速

科学技術振興機構 戦略的創造研究推進事業(JST CREST)の研究課題「太陽光発電予測に基づく調和型電力系統制御のためのシステム理論構築」(System Theory for Harmonized Power System Control Based on Photovoltaic Power Prediction; HARPS)は，再生可能エネルギーを含めた異分野連携の加速を進める研究プラットフォーム「電力コラボレーションルーム」[19]を，東京理科大学葛飾キャンパスに構築している．

異分野連携研究を進めるために，予測データ(数値データ)の共有や予測データの可視化ツールなども整備している．予測データのダウンロード機能としては，'HARPS FORECAST'(図3.23)があり，予測モデルの種類，期間，予測対象エリア，必要な気象予測パラメータ(日射量，気温など)を選択し，データをcsv形式のファイルで抽出することが可能である．

可視化ツール 'HARPS OASIS'(図3.24)[20]は，先の予測データや気象衛星「ひまわり8号」，「ひまわり9号」から得られる雲や日射量(推定値)のデータをウェブ上の操作で閲覧し，議論に役立てることができ，一般に公開されている．

また，HARPSから研究用途に限って構築したプラットフォームの一部や研究用データの一部を順次公開しており，'HARPS OPEN DATABASE'[21]にメールアドレスなどの簡単な情報を登録することで利用できる(図3.25)．

さらに，政府が提供する各種統計データ，気象予報モデルからの予測値

なども集約しており，「その他」のタブからは，太陽光発電の出力推定・予測データについて，市町村ごとに作成したデータも公開（研究用途に限る）されている．

これらの機能を用いて，HARPS の研究プロジェクト以外でも予測データなどを用いた研究開発，異分野連携研究が加速することを期待し，基礎情報を提供している．

太陽光発電とさまざまなエネルギーシステムとの連携研究が進み，実用化に近付ける一助となれば幸いである．

3.2.4　今後の課題

太陽光発電を推進していくなかで，電力システムの安定化，コスト最小化を目指す運用にも，気象観測データや気象予測データの利用は不可欠である．これは，火力燃料費の低減，CO_2 削減効果なども含めると，環境負荷低減や温暖化抑制にも効果が期待される．

実際の太陽光発電の出力には推定誤差や予測誤差があるため，それらの誤差をシステムのなかでいかに吸収し，運用するしくみを構築できるかも課題となろう．

太陽光発電やその他の再生可能エネルギーが今後も加速的に導入されていくためには，それ単体での高効率化や低コスト化はもちろん，他の要素（蓄電池，電気自動車，需要家など）とどのように組み合わせて使っていくかも重要になる．

ユーザー側の太陽光発電の利用の裾野が広がることで，より再生可能エネルギーの価値が向上し，さらなる導入につながるものと期待する．

謝辞

JST CREST EMS 研究課題「太陽光発電予測に基づく調和型電力系統制御のためのシステム理論構築（HARPS）」（グラント番号 JPMJCR15K1）[22] で実施された．風力発電関連については，産業技術総合研究所再生可能エネルギー研究センター風力エネルギーチーム 嶋田進主任研究員に情報提供をいただいた．ここに感謝申し上げる．

参考文献

1) 固定価格買取制度　情報公表用ウェブサイト，https://www.fit-portal.go.jp/PublicInfoSummary（2019年10月31日閲覧）

2) 井村順一，原　辰次／「太陽光発電のスマート基幹電源化」，日刊工業新聞社，p.232

3) Fonseca Jr., J.G.S., H. Ohtake, T. Oozeki, K. Ogimoto,2018:Prediction Intervals for Day-Ahead Photovoltaic Power Forecasts with Non-Parametric and Parametric Distributions, Journal of Electrical Engineering & Technology, Vol. 13, No. 4, pp. 1504-1514.

4) 河野耕平，西本秀祐，三戸洋介，2019:「1.5 メソアンサンブル予報システム」．数値予報解説資料（平成30年度数値予報研修テキスト），気象庁予報部，9-13. https://www.jma.go.jp/jma/kishou/books/nwptext/51/1_chapter1.pdf（2019年10月31日閲覧）

5) 一般財団法人気象業務支援センター，メソアンサンブル数値予報モデルGPV（MEPS），http://www.jmbsc.or.jp/jp/online/file/f-online10250.html（2019年10月31日閲覧）

6) 資源エネルギー庁／「2018年1月～2月における東京エリアの電力需給状況について」（H30.3.12）https://www.meti.go.jp/shingikai/enecho/denryoku_gas/denryoku_gas/pdf/008_05_00.pdf（2019年10月31日閲覧）

7) 太陽光発電の長期安定利用技術，電気学会技術報告，p.75（2019）https://www.bookpark.ne.jp/cm/ieej/detail.asp?content_id=IEEJ-GH1463-PRT（2019年10月31日閲覧）

8) H. Ohtake,F.Uno,T.Oozeki,Y.Yamada,H. Takenaka,T.Y.Nakajima,2018:Outlier events of solar forecasts for regional power grid in Japan using JMA mesoscale model. Energies（Special Issue Solar and Wind Energy Forecasting）,11（10）,2714.

9) F. Uno, H. Ohtake, M. Matsueda,Y,Yamada, 2018:A diagnostic for advance detection of forecast busts of regional surface solar radiation using multi-center grand ensemble forecasts,Solar Energy,Vol.162,pp.196-204.

10) 北海道電力㈱プレスリリース／2019年度「太陽光発電量予測技術コンテスト『PV in HOKKAIDO』」の結果について https://www.hepco.co.jp/info/2019/1241221_1803.html（2019年10月31日閲覧）

11) J. Jonkman, S. Butterfield, W. Musial, and G. Scott, Definition of a 5-MW Reference Wind Turbine for Offshore System Development,Technical Report NREL/TP-500-38060 February 2009. https://www.nrel.gov/docs/fy09osti/38060.pdf（2019年10月31日閲覧）

12) 福田健，電力需要予測システムの導入，中部電力㈱技術開発ニュース（159号）https://www.chuden.co.jp/resource/corporate/news_159_12.pdf（2019年10月31日閲覧）

13) 遠藤隆幸，電力需給運用における数値予報の活用と今後の期待，天気，Vol.65, No.7，pp.469-474.

14) 東京電力ホールディングス㈱．電力需要予測値の正確さを競う「第1回電力需要予測コンテスト」の開催について（2017年6月20日），http://www.tepco.co.jp/press/news/2017/1440911_8963.html（2019年10月31日閲覧）

15) 九州電力㈱，九州本土における再エネ出力制御の実施状況について,第21回系統WGプレゼン資料（2019年4月26日）

https://www.meti.go.jp/shingikai/enecho/shoene_shinene/
shin_energy/keito_wg/pdf/021_01_00.pdf（2019年10月31日閲
覧）

16）D. Kobayashi, T. Masuta, H. Ohtake, "Coordinated operation
scheduling method for BESS and thermal generators based on
photovoltaic generation forecasts released every several
hours," Proc. of 2017 IEEE Innovative Smart Grid
Technologies - Asia（ISGT-Asia）, DOI: 10.1109/ISGT-
Asia.2017.8378333

17）H. Sugihara, T. Funaki, N. Yamaguchi, "Evaluation Method
for Real-Time Dynamic Line Ratings Based on Line Current
Variation Model for Representing Forecast Error of
Intermittent Renewable Generation", Energies 2017, 10, 503.

18）坪木和久, 2018,新用語解説「スーパー台風」,天気, Vol.65,
No.6, pp.455-457.

19）電力コラボレーションルーム, http://harps-crest.jpn.org/
action/collabo-room/（2019年10月31日閲覧）

20）HARPS OASIS, http://psel01.ee.kagu.tus.ac.jp/harps/oasis/
（2019年10月31日閲覧）

21）HARPS OPEN DATABASE, http://harps.ee.kagu.tus.ac.jp/
other.php（2019年10月31日閲覧）

22）JST CREST HARPS, http://harps-crest.jpn.org/（2019年10
月31日閲覧）

第 4 章

再生可能エネルギー施設の見学調査概報

1995年埼玉県での太陽光発電に向けた取組み以後，1999年度，2000年度も調査活動を行ない，経済産業省資源エネルギー庁（当時）に報告した[1), 2)]．ここでは，東日本大震災（2011年）以前から行なっていた太陽光発電の普及活動を含め，2009年〜2019年の再生可能エネルギー見学調査を紹介するが，それまで専門誌に調査内容の一部を報告[3), 4)]しており，その後の継続調査や再調査内容も加えて調査活動内容をみていく．

4.1 発電施設の見学調査概報

4.1.1 見学調査の目的と調査先

(1)見学調査の目的

　①「再生可能エネルギー特別措置法」（2012年7月施行）以降，再生可能エネルギーの導入が太陽光発電に偏重しているため，普及が遅れていた太陽光以外の再生可能エネルギー施設の実態把握をする．

　②再生可能エネルギー施設の稼働状況などを分析し，留意点や課題を抽出して再生可能エネルギーの着実な普及に結び付ける．

(2)見学調査先

　見学調査した施設を表4.1に示す．北は北海道宗谷岬（宗谷岬ウインドファーム）から南は鹿児島県（鹿児島県七ツ島メガソーラ）まで国内24施設（再調査施設含む）と，モンゴル国（ダルハン市太陽光発電所）を合わせて25施設を見学調査したが，個人住宅などについては割愛した．

4.1.2 見学調査の実際

　2019年4月に施行された「再生可能エネルギー海域利用法」により，洋上風力は今後の導入が期待され，台湾の彰化洋上風力発電所[5)]や茨城県鹿島港沖洋上風力発電[6)]などの動向が注目されている．

　そこで，洋上風力については実証研究事業内容が公表されている福島沖浮体式洋上風力発電システムについて，その報告書[7)]を基にこのシステムの現状を考察する．

(1)太陽光発電施設

　①石川県工業試験場太陽光発電システム（表4.1, No.1)

　折板屋根にモジュールを設置する代表的な例で，真北と真南の折板屋根に耐震性を考慮して南北均等配置している貴重な施設である（図4.1, 写真4.1)．また，この施設のような折板屋根は切妻形状が多く，長尺金属屋根の大半のシェアを占め，大面積の導入が期待できる．

　太陽電池の仕様を表4.2に示す．このシステムは1998年4月から稼働しており，設置当時は国内最大級（200kW）の規模で，1998〜2003年の6年間平均で発電量実績146,548.8kWh/年を得ている．南北の発電量の差異に着目すると，2003年度実績（図4.2)から次のことがわかる．

　(a)南北の年間発電量割合は約3：2である．

　(b)結晶系シリコン電池は温度依存性が大きく，

表4.1　見学調査した再生可能エネルギー施設

No.	調査年月日	地区	施設名等	発電容量(kW)	運転開始時期
1	2009.5.27	石川県	石川県工業試験場太陽光発電システム	209.28	1998.4.1
2	2011.5.2	茨城県	水産工学研究所	80	(2010.3)
3	2011.11.18	茨城県	日立市立駒王中学校	10	(2002.10)
4	2014.7.17	千葉県	八街発電所	830	2014.3.28
5	2015.8.1	北海道	宗谷岬ウインドファーム	57,000	(2005.11)
6	2015.8.10	北海道	苫前ウインドビラ発電所	30,600	2000.12
7	2015.8.10	北海道	苫前グリーンヒルウインドパーク	20,000	1999.11.1
8	2015.9.1	川崎市	川崎バイオマス発電所	33,000	2011.2
9	2015.9.9	福島県	郡山布引高原風力発電所	65,980	2007.2
10	2015.9.18	富山県	海竜太陽光発電所	3,000	2014.4
11	2015.10.8	茨城県	カネカ鹿島工場西地区大規模太陽光発電所	12,700	2013.10.1
12	2015.10.22	栃木県	寺山ダム発電所	190	2013.9.11
13	2015.11.6	福島県	柳津西山地熱発電所	65,000	1995.5
14	2016.2.16	鹿児島県	長島風力発電所	50,400	2008.10.1
15	2016.2.17	鹿児島県	鹿児島七ツ島メガソーラー	70,000	2013.11.1
16	2016.2.18	熊本県	八丁原発電所(地熱)	1号機 55,000 2号機 55,000	1977.6.24 1990.6.22
17	2016.2.18	熊本県	八丁原バイナリー発電施設	2,000	2006.4.1
18	2016.4.7	福島県	土湯温泉東鴉川小水力発電所	140	2015.5
19	2016.4.7	福島県	土湯温泉バイナリー発電所	400	(2015.11)
20	2016.4.28	富山県	安川発電所(農業用水発電所)	640	(1988.2)
21	2017.6.22	新潟県	糸魚川バイオマス発電所	50,000	2005.1
22	2018.3.24～25	モンゴル国	ダルハン市太陽光発電所	10,000	2017.1.1
23	2018.9.10	茨城県	神栖市風力発電施設　　　　ウィンド・パワーかみす はさき漁業協同組合	第1 14,000 第2 16,000 1,000	2010.7 2013.3 2005.4
24	2018.9.29	福島県	福島沖浮体式洋上風力発電システム(実証研究事業)	(未来)2,000 (新風)7,000 (浜風)5,000	2013.11 2015.12 2017.2
25	2019.3.24	千葉県	千葉県銚子沖洋上風力発電設備(実証研究)	2,400	2013.1.29

注：各施設名は訪問時の説明資料などによる．また，運転開始時期の(　)内は竣工時期．
　　No.25は2019年1月1日から商用運転開始中(http://www.tepco.co.jp/press/release/2018/1511126_8707.html)．

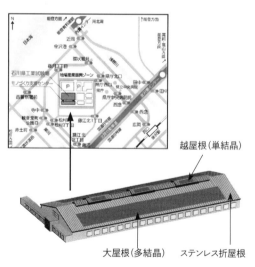

越屋根(単結晶)

大屋根(多結晶)　　ステンレス折屋根

図4.1　石川県工業試験場の所在地と実験棟屋根
(当該施設：図中のモノづくりセンター)

(出典：石川県工業試験場ホームページ，同試験場パンフレットより作成)

写真4.1　石川県工業試験場(モノづくり支援センター)

表4.2　太陽電池の主な仕様[3]

太陽電池種類	結晶系太陽電池（多結晶，単結晶）
占有面積	1,663.03m²（占有面積率50.4%））
重量	総重量37.1ton（電池21.6，架台15.5）
モジュール枚数	多結晶　1,608枚（大屋根） 単結晶　120枚（越屋根）
総出力	209.28kW 多結晶　192.96kW（融雪60.48kW） 単結晶　16.32kW
設置角度	16.7°

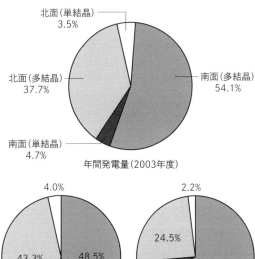

年間発電量（2003年度）

北面（単結晶）3.5%
北面（多結晶）37.7%
南面（単結晶）4.7%
南面（多結晶）54.1%

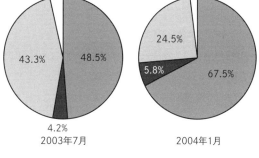

2003年7月
4.0%　48.5%　43.3%　4.2%

2004年1月
2.2%　24.5%　5.8%　67.5%

図4.2　年間，夏期・冬期の発電量割合
出典：石川県工業試験場作成資料「石川県試験場の太陽光発電システム」より）

夏期の出力低下は避けられない．これにより，夏期（7月）が南北ほぼ同等，逆に冬期（1月）は南面が73%の比率となっている．

　(c) 施設の屋根勾配は16.7°（3寸勾配，3/10）の切妻形状低勾配屋根で，低勾配の折板屋根や同類の長尺金属屋根は施工性も良く，採用が期待される．導入検討の際は，南北の発電量の差異が発電量予測の指標になる．

　このデータは稼働後5年目の実績値で，太陽電池は経年劣化で性能が低下し，とくに南面は過酷な厳しい日射にさらされる．同施設を訪問した2018年9月は稼働後20年を経過し，目視でもモジュールの劣化が確認できた（写真4.1）．

　また，施設の劣化状態や考察は，同試験場の経年劣化評価技術の研究として報告されている[8]．モジュール性能の継続比較など定期点検や性能管理は重要で，とくに10年を超える施設の発電量による性能管理は大切である．

　②富山県海竜太陽光発電所（表4.1，No.10）

　2014年3月に竣工した富山湾沿いに位置する約3MWのメガソーラ（図4.3，写真4.2）で，平坦な海浜地帯などに大量に導入されているシステムの範例といえる．モジュールは南向きに配置され，傾斜角度は10°（モジュール全体の40%），25°（同50%），30°（同10%）である．

　Web（「海竜メガソーラ発電情報」）[9]上で発電量

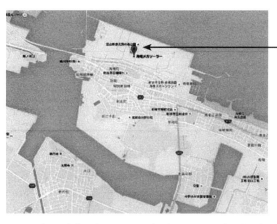

図4.3　富山県海竜メガソーラー周辺地図（Googleマップより作成）

写真4.2　富山県海竜メガソーラー全体外観[4]（前方：新湊大橋）

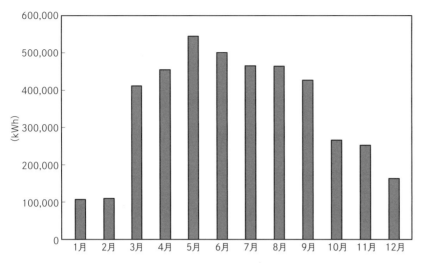

図4.4　2017年月別発電量(年間kWあたりの発電量：約1,076kWh)，Web[9]より作図

が公開されており，2017年の月別発電量は実績で4,177,170kWhである（**図4.4**）．kWあたり発電量は約1,076kWh（モジュール3,881kW）となるが，2018年の実績も約1,104kWhで，北陸の気候区の発電量（年間kWあたり発電量917kWh[10]）に比較して高い．

この高発電量は，モジュールの仕様（単結晶）や設置方位（南向き），角度などの設計条件によるところが大きく，さらに積雪対策を考慮した架台設計も行なわれている．また，遠隔監理システムによる発電量管理など施設管理がゆき届き，メガソーラはもちろん，小規模な地上設置施設に対しての範例になる．

現在，太陽光発電の導入量が予想を超え，とく

に住宅以外が突出している．これはFITの恩恵はもちろん，平坦な土地を確保して容易に導入できる取組みやすさによるところが大きく，他のエネルギー源との相違である．その代表例が「海竜太陽光発電所」（No.10：3MW）や「カネカ鹿島工場西地区大規模太陽光発電所」（No.11：12.7MW），鹿児島県「七ツ島メガソーラ」（No.15：70MW，**写真4.3**）などの施設である．

3施設ともモジュールの架台は「溶融亜鉛-アルミニウム-マグネシウム合金めっき鋼板」が採用され，No.10の施設は，めっき鋼板以外にアルミニウムも採用されている（各種金属材料については4.3参照）．

(2)風力発電施設

①宗谷岬ウインドファーム（表4.1，No.5）

北海道の宗谷岬ウインドファーム（**写真4.4**）は，年間平均風速が7m/s（地上20m地点）と風況に恵まれ，NEDO（新エネルギー・産業技術総合開発機構）が定める採算ラインの6m/sを超えた国内有数の風力最適地に位置し[11]，実績を残している．

写真4.3　鹿児島県七ツ島メガソーラ全貌[4](No.15)

写真4.4　北海道宗谷岬ウインドファーム[4]（No.5）

表4.3　風車の仕様[12]

機種	MWT-1000A（三菱重工業） 低風速域用風車
定格出力	1,000kW
ロータ径	61.4m
タワー高さ	68m
定格風速	12.5m/s
カットイン風速	2.5m/s
Wind Class	ClassII（年平均風速8.5m/s,レーリー分布）

文献[12]より作成

　風車の主な仕様を**表4.3**に示す．定格出力1,000kWの誘導発電機，タワー高さ68m，ロータ径61.4mの風力発電装置は，従来の強風域（年平均風速8～10m/s）ではなく，6～8m/sの低風速域で高発電量が得られる機種が導入されており，ウインドファームの風環境に適している．

　設置されている風力発電機57基はすべて国産で，総発電容量は57MWである．2005年11月竣工以来順調に稼働し，設備利用率（年間）も一般的な風力設備の20％を優に超え，最近では年間発電量が稚内市全体の消費電力の約80％をまかなっている[4]．

②福島沖浮体式洋上風力発電システム（表4.1，No.24）

　「再生可能エネルギー海域利用法」の施行により，今後洋上風力の動向が注目されている．実証研究事業内容を総括した報告書（2018年8月）[7]か

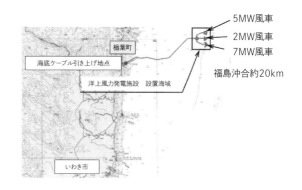

図4.5　実証海域と設置位置
（福島洋上風力コンソーシアム（http://www.fukushima-forward.jp/safety/pdf/180423.pdf）より）

ら，実証海域，設置位置，風車仕様，実績を**図4.5**，**表4.4**に示す．

　表4.4のように，2013年11月から2MW風車（ふくしま未来），2015年12月から7MW風車（ふくしま新風）そして2017年2月から5MW風車（ふくしま浜風）の実証研究を行なっている．

表4.4　風車の仕様と実績

風　車	2MW風車（ふくしま未来）	5MW風車（ふくしま浜風）	7MW風車（ふくしま新風）
開発・製造	日立製作所	日立製作所	三菱重工業
風車の位置付け	量産商用機	2基目実証機	2基目実証機
増倍速方式	固定ギア式	固定ギア式	可変油圧式
ロータ位置	ダウンウインド	ダウンウインド	アップウインド
ロータ直径	80m	126m	167m
ハブ高	66.2m	86.4m	105m
稼働率	94.1%	61.3%	16.4%
設備利用率	32.9%（2017.7～2018.6）	18.5%（2017.7～2018.6）	3.7%（2017.7～2018.6）
運転開始	2013年11月	2017年2月	2015年12月
運転期間（2018年6月時点）	4年8か月	1年5か月	2年7か月

出典：経済産業省資源エネルギー庁／平成30年度福島沖での浮体式洋上風力発電システム実証研究事業総括委員会報告書，p3及び同委員会の検証結果と提言（概要版）より作表

表4.5　ダウンウインド方式 - アップウインド方式比較(参考)

方式	ダウンウインド方式	アップウインド方式
施設名	ウィンド・パワーかみす	はさき漁業協同組合
設置場所	茨城県神栖市　図4.6①	茨城県神栖市(旧波崎市)　図4.6②
稼働時期	2013年3月	2005年4月
機種	日立製HTW2.0-80	三菱重工MWT-1000A
定格出力×基数	2,000kW×8基(うち1基；写真4.5)	1,000kW×1基(写真4.6)

日立製作所カタログ((旧日立2,000kW風力発電システムHTW2.0-80)，三菱重工業カタログ(MWT-1000A)などより

2018年6月末時点の実績，稼働率，設備利用率などのデータに基づく各風車の検証結果は，次のようである[13]．

(1) 2MW風車は2017年7月～2018年6月実績で稼働率94.1%，設備利用率32.9%で商用水準に達しており，継続実証は必要だが維持管理費が高額である．

(2) 5MW風車は，2MWと同じ期間で稼働率61.3%，設備利用率18.5%であるが，初期の不具合が解消して設備利用率も向上しているため，さらに継続実証が必要である．

(3) 7MW風車は，他の2基と同じ期間で稼働率16.4%，設備利用率3.7%である．油圧システムの課題が多く，商用運転が実現困難で撤去準備を進める．

報告書では，7MWの油圧系不具合が指摘されている．油圧配管経路や浮体の構造が不明で正確な考察はできないが，一般論としては次の点が考えられる．

① 7MWの油圧系統は規格外の大規模なシステムで圧力が高く流量も多いので，油圧経路に作動油による急激な負荷が生じる．そのため，各油圧機器の損傷や大径管の継手，油圧ホース継手から作動油が微量に漏れることが十分考えられる．

② 台風や急激な風速変動など厳しい日本の気象・海象により，浮体構造部への応力集中や急激な流量調整による油圧配管系への異常負荷などが生じやすく，構造部の微小亀裂や油圧機器類の故障につながりやすい．また，洋上のため故障時の復旧作業は過酷で，早期復旧が難しい．

JISに「風車の支持構造物が海洋の流体力による荷重(力又はモーメント)にさらされる場合は，洋上風車とみなす(JIS C1400-3, 2014)」とあるが，日本の厳しい気象・海象の荷重条件を考慮した洋上設計指針の確立が急がれる．

今後，再生可能エネルギー海域利用法の施行により導入計画は促進されるが，海域利用に際しては港湾の整備や漁業への支障の有無，さらには海域生態系への環境影響評価などが求められる[14]．

③ 神栖市風力発電施設(表4.1, No.23)

実証研究事業で採用している風車の仕様(「ダウンウインド」，「アップウインド」方式)について，茨城県神栖市風力発電施設に設置されている風車を対象に紹介する．

茨城県鹿嶋市から茨城県最東南端に位置する波崎漁港に至る沿岸の多くの風車群の稼働状況を調査し，とくに神栖市(旧神栖町，旧波崎町)沿岸のダウンウインド方式の風車を確認し，アップウインド方式も波崎漁港で確認できた．発電施設の概要と各風車の仕様を表4.5に示す．

図4.6は両風車の設置位置である．両方式は，

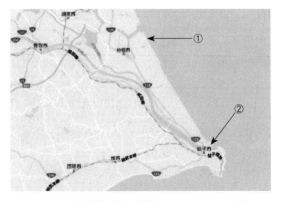

図4.6　風力発電施設位置(地図はGoogleマップより)

(注：写真左,煙突の白煙向き)

写真4.5(2018.9.10撮影)(図4.6①)風向→

写真4.6(2018.9.10撮影)(図4.6②)風向←

風向とロータ(風車の回転部),タワーの配置で分けられる.ダウンウインド方式はロータをタワーの風下側に配置しているのに対して(**写真4.5**),アップウインド方式はロータを風上側に配置している(**写真4.6**).

ダウンウインド方式は,暴風時風車に作用する荷重を低減させる「フリーヨー」(風見鶏のようにロータが自然に風下に向く制御方式)を採用している.また,ブレードとタワーの離隔を適切に確保することで,危惧されるブレードへの変動荷重と騒音の影響を抑制している[15].

アップウインド方式はタワーの影響が少ないため,ブレードへの荷重変動と騒音の影響が小さく,一般的に大型風車に採用されている.

その他の風力発電施設では,風環境の厳しい北海道・苫前ウインドビラ発電所(30.6MW,表4.1,No.6)や,苫前グリーンヒルウインドパーク(20MW,表4.1,No.7)では施設維持の厳しい実態を確認した.国内最大級の福島県郡山布引高原風力発電所(65.98MW,表4.1,No.9)では,三相同期発電機を採用している風車の仕様や施設について,また鹿児島県長島風力発電所(50.4MW,表4.1,No.14)では,ツルの飛来ルートに配慮した風車配置などがわかった.

(3)中小水力発電施設

地域に密着し地域の活力につながるのは,2002年に公布されたRPS法の1,000kW以下(国土交通省は1,000kW未満[16])の小水力である.次の3施設はいずれも小水力で,普及に向けての格好の範例になる.

①農業用水利用事例＝富山県庄川水系安川発電所(NO.20)

富山県砺波市の安川発電所(No.20,**図4.7**)の水系統を**図4.8**に示す.有効貯水量480,000m³の

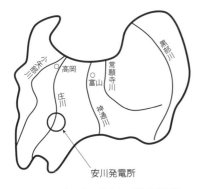

図4.7　富山県砺波市安川発電所位置
(庄川沿岸用水土地改良区連合パンフレットより)

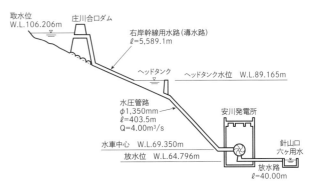

図4.8　富山県安川発電所水路断面図
(庄川沿岸用水土地改良区連合パンフレットより)

写真4.7 富山県庄川合口ダム[4]

庄川合口堰堤（**写真4.7**）から取水した農業用水を，導水路を経て「分水堰」（ヘッドタンク）（**写真4.8**）からの水路有効落差を利用し，水圧管路を通して水車（横軸フランシス水車）に流入する．発電所の諸元を**表4.6**に，発電室内の水車，発電機外観を**写真4.9**に示す．

（a）県営灌漑排水事業として取り組む流込み式発電所としては全国最初である．使用水量（最大）$4m^3/s$，有効落差（最大）24.3mを利用して最大出力640kWを発電し，年間発電量は最大406万kWhの実績がある．

（b）三相同期発電機が使われ，系統側と品質を合わせるため負荷変動追従性が高く，単独運転も可能になる．このため，写真4.9のように軸受を介して発電機の回転子に直流電流を流すための励磁装置を持ち，励磁電流により負荷力率に合わせた無効電力供給が可能など利点は多い．

一方，設備費が高く保守点検も必要になるが，同期発電機は当初電力会社側の要請で設備した経緯があり，中小水力発電所では連系が広まった今日，単独運転の必要性は減り，誘導発電機の採用がほとんどである．

（c）発電所の維持管理には，定期的な水路の清掃とくに取水口の落ち葉除去といった除塵作業など日常管理が不可欠で，ヘッドタンクの流入口に除塵機が新設され（写真4.8），1時間に1回程度稼働させている．水系などを外観で確認したが，水路清掃など日常管理が徹底されている．

安川発電所は1988年から発電を開始，現在はFIT対象の中小水力発電として，また地産地消につながる新エネルギー源としての役割を果たしている．今後，農業用水を利用した小水力発電は，2011年10月の農業農村整備事業における小水力発電の取扱い要件など見直しもあり，導入が加速すると思われる．

②ダム利用事例＝栃木県寺山ダム発電所（No.12：ダムESCO事業）

栃木県寺山ダム発電所は，水力エネルギーの有効活用を目的に栃木県が考案し，日本工営に委託された民間の技術力を活用した「ダムESCO」（Energy Service Company）事業である．2013年

写真4.8 ヘッドタンク（左）と除塵機[4]

表4.6　富山県安川発電所の諸元

水量	4.00m³/s（最大）
有効落差	24.30m（最大）
水車	横軸フランシス水車
出力	640kW（最大）
発電機	三相同期発電機（680kVA）
年間発電量	406万kWh（最大）

写真4.9　富山県安川発電所の水車・発電機外観[4]

9月から本事業のサービスが開始されている．

　寺山ダムは1985年に竣工し，正常な流水機能の維持，水道用水，洪水調節を目的とした堤頂高62.2m，総貯水量255.5万 m³ のダムである（**表4.7**）．このダムの小水力発電は，使用水量（最大）0.85m³/s，落差23.8〜35.8m から得られる放流水を利用している（**表4.8**）．

　（a）日本初のダム ESCO 事業であり，当初の年間約60万kWh の発電量計画に対して，2014年の実績では約70万kWh と計画値を上回る実績値を得ている．

　（b）安川発電所は同期発電機であるが，寺山発電所は誘導発電機を採用している．系統連系時の過度な突入電流を抑制するため，限流リアクトルが必要になるが発電機の回転子構造が簡単で，同期発電機に必要な励磁装置も不要で，電気設備費のコストが低減できる．

　（c）稼働状況は Web 画面で遠隔管理しており，運転状況を常時確認して異常時への即応体制がとられている．

　図4.9のように，放流によるフランシス水車（**写真4.10**）から得られた電力は全量東京電力に売電

表4.7　栃木県寺山ダムの諸元

形式	ロックフィルダム
竣工	1985年
堤頂高	62.2m
総貯水量	255.5万m³
利水放流量	0.2〜1.2m³/s
貯水位	EL393〜407.5m

表4.8　栃木県寺山ダム小水力発電の概要

発電方式	ダム式（利水放流水利用）
水車	横軸フランシス水車（215kW）
発電機	誘導発電機（190kW）
使用水量	0.85m³/s（最大）
落差	23.8〜35.8m

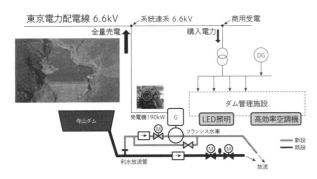

図4.9　栃木県寺山ダム ESCO の設備概要[17]

写真4.10　栃木県寺山ダム発電所の水車・発電機外観[4]

図4.10 取水口～発電所の位置図
（出典：土湯温泉東鴉川小水力発電事業パンフレットより）

写真4.11 第3砂防堰堤

しており，その収入をダム管理施設内の電気設備に充当している．また，この事業により水力発電設備が新設され，さらに省エネルギーのために高効率空調設備やLED照明を導入，既存施設の更新が実現した．ダムESCO事業は，今後の中小水力発電の導入拡大につながると期待されている．

③砂防ダム利用事例＝東鴉川小水力発電所（No.18）

砂防ダムを活用したこの発電所は2015年5月から発電を開始，東鴉川の第3砂防堰堤からの落差を利用した流れ込み式発電所である（**図4.10，写真4.11**）．

取水口（チロリアン取水口）から水槽（水槽沈砂池）（**写真4.12**）までは埋設したコルゲート管（φ1,500mm，埋設）で通し，水槽の入水口には除塵網（**写真4.13**）が設けられ，またその水槽から発

電所の間は露出の高耐圧ポリエチレン管（φ600mm，露出）を布設している．また，取水地点から水車を経て放水するまでの川の減水区間は，環境に配慮して水生生物（イワナ）の生育に必要な維持水量を確保した水力発電を計画しており，水槽から維持流量放流管を設けている．

(a) 発電所の年間可能発電量は90.7万kWh（**表4.9**）で，2019年4月～6月間で約22万kWhの実績を得ている．

(b) 小水力発電に用いられる10MW以下の小容量機には，一般的に横軸形のフランシス水車が用いられる[18]．一方，この施設はクロスフロー水車を採用している（**写真4.14**）．水車は，大小2枚のガイドベーンを流量調整機構により流量に応じて切り替えることで効率的な運転が可能になる．

(c) 発電状況は遠隔管理システム，また，取水

写真4.12 水槽（水槽沈砂池）

写真4.13 除塵網

表4.9　発電所の諸元

水量	0.45m³/s（最大）
有効落差	44.40m（最大）
水車	クロスフロー水車
出力	140kW（最大）
発電機	誘導発電機（160kW）
年間発電量	90.7万kWh（最大）

写真4.14　福島県東鴉川小水力発電所の水車・発電機外観

口と水槽（沈砂池）の流水状況は遠隔監視カメラで管理している．さらに，秋季の除塵作業や冬期間の積雪下の現地作業軽減のため，取水門や水車のガイドベーン開度を遠隔調整できる制御システムを採用している．

　なお，この発電所を導入できた主な理由として，（ⅰ）2009年に国土交通省のFSが実施された，（ⅱ）今回の震災で福島県に特化した補助金が活用できた，（ⅲ）水利権がなかったことがある．

(4) 地熱発電施設

　地熱発電は「フラッシュ方式」と「バイナリー方式」に大別されるが，前者は福島県柳津西山地熱発電所（No.13），熊本県八丁原発電所（No.16），後者は八丁原バイナリー発電所（No.17），福島県土湯温泉バイナリー発電所（No.19）など4施設を見学調査した．

①柳津西山地熱発電所（No.13）

　(a) このフラッシュ方式発電所（**写真4.15**）は1995年5月から運転を開始し，当時国内最大の出力65MWだったが，2007年度の歴日利用率で63.5％に減衰[19]，2015年11月6日の調査時はさらに悪化している現状を確認した．

　(b) その後，東北電力ではタービンを蒸気量に見合った規模に更新して，2017年8月28日より出力65MWを30MWの定格出力変更による運用を開始している[20]．

　(c) 現在，注水により生産井戸の減衰率を改善する涵養試験を実施中[21]である．

　地熱発施設は，地域と一体となった地域固有の資源を守るリスク対策が重要である．今後の人工涵養技術の成果に期待したい．

②八丁原発電所（No.16）

　国内最大出力のフラッシュ方式地熱発電所で，1号機（55MW）は1977年6月，2号機（55MW）は1990年6月にそれぞれ運転開始している．この発電所は，高出力が得られる「ダブルフラッシュ方式」を採用しており，**図4.11**に系統図を示す．また，同施設内に低沸点媒体を利用した「バイナ

写真4.15　福島県西山地熱発電所（No.13）

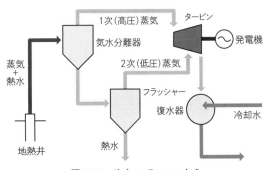

図4.11　ダブルフラッシュ方式
（出典：九州電力地熱発電所パンフレットより）

写真4.16　福島県土湯温泉バイナリー発電施設外観[4]（No.19）

写真4.17　川崎バイオマス発電施設外観[4]（No.8）

リー発電施設」（No.17）もある．調査時は熊本地震発生前だったが，発電所一体は震度5強（本震）でも発電設備被害は生じなかったことが報告されている[22]．

③土湯温泉バイナリー発電所（No.19）

この発電所はテレビでも話題になり，発電所の導入が地域の活性化につながっている（No.19：400kW，**写真4.16**）．

（a）低沸点媒体（ノルマルペンタン）を用いた発電施設で，2015年11月に竣工し順調に稼働している．

（b）FIT制度を活用して15年間，買取価格40円/kWで東北電力に売電し，2018年度は年間260万kWhの計画値に対して計画を超える約285万kWhの実績を得た．

（c）この発電所は成功例の1つであり，その鍵は次の4点に集約できる．

（ⅰ）源泉が高泉質（スケール少）であり，湧水量，温度，冷却水などの条件も良好だった．

（ⅱ）源泉を「湯遊つちゆ温泉協同組合」で一括管理しており，またバイナリー発電しても湯量・泉質・供給温度は変わらないため，合意形成しやすかった．

（ⅲ）投資を判断できる源泉の長期データ管理が行なわれ，JOGMEC（石油天然ガス・金属鉱物資源機構）からの支援（債務保証など）が得られた．

木質廃材（解体材など）　　　　　　　　　　　剪定枝（樹木など）

写真4.18　廃材保管ヤード

（ⅳ）導入側の責任者に温泉組合を
まとめるリーダシップがあった．

　土湯温泉バイナリー発電所は見学
者が多く，2018 年末で土湯温泉観
光協会対応分（約 1,500 名）含めると
約 2,500 名に上り，地域活性化につ
ながっている．

(5) バイオマス発電施設

　①川崎バイオマス発電所（No.8：
33MW，**写真 4.17**）

　(a) バイオマス用木質チップはエ
ネルギー密度が低く，安定して稼働
させるためには大量（年間 18 万
ton）に確保しなければならない（**写
真 4.18**）．

　(b) 近距離内で燃料調達のサプラ
イチェーンを構築する必要があり，神奈川県の川
崎バイオマス発電所から約 70km（所要時間 1 時
間 15 分程度）の距離にある千葉県のチップ製造会
社で，チップ製造の状況を調査した．

　(ⅰ) 解体材，製材端材，廃パレットなどの廃棄
物はリサイクルし，主にバイオマス燃料用と紙・
パルプ繊維板原料となるチップに選別する（**写真
4.19**）．これらのうち，川崎バイオマスに納入す
るバイオマスチップは，10ton チップ輸送車で 1
〜 2 回輸送（一日約 10 〜 20ton）である．

　(ⅱ) 木屑以外の異物の混入処理が課題であり，
釘などは磁選機で選別するが，完全な選別は困難
である．

　チップ製造事業は，原料を集荷する営業力，チッ
プユーザーの獲得，チップヤードの確保が重要で
ある．また，発電所側は大型連休の際のチップの
確保，他方，チップ製造側は火力発電所の定期修
理期間中の対応などが課題である．

　②糸魚川バイオマス発電所（No.21，50MW，**写
真 4.20**）

　(ⅰ) サミット明星パワー㈱糸魚川バイオマス発
電所は，RPS 制度を利用し，2005 年 1 月営業運
転開始以来 12 年を超える実績を持つ稼働時点で
国内最大規模のバイオマス発電設備である．

写真4.19　チップヤード

　(ⅱ) 主原料は木質系バイオマス（年間 24 万
ton），発電効率は約 35 %（混焼）であり，また，
発電機は三相交流同期発電機（55, 556KVA）を用
い，発電した電力は出資会社のサミットエナジー
㈱へ送電している．

写真4.20　糸魚川バイオマス発電所[4)](No.21)

写真 4.21　糸魚川市大規模火災被害状況
（2017年6月22日，火元付近から撮影）

　なお，見学調査した 2017 年 6 月 22 日は糸魚川市大規模火災発生からちょうど半年で，火災の被害状況を**写真 4.21** に示す．火災による廃木材（木くず）処理量は約 468ton（糸魚川市市民部環境生活課による）で，このうち糸魚川バイオマス発電所が受入処理した廃木材は約 300ton（一日の使用燃料の約 1/3）である [4]．

参考文献
1) 新エネルギー財団：平成11年度通商産業省資源エネルギー庁委託業務成果報告書（流通・施工関連），2000.3
2) 新エネルギー財団：平成12年度経済産業省資源エネルギー庁委託業務成果報告書（住宅産業分野における流通・施工の実態と課題），2001.3
3) 飛田春雄：太陽光発電システムとステンレス（その1），JSSC，No.6，pp.35-37，2011.7
4) 飛田春雄：再生可能エネルギーの着実な普及に向けて（第10回），建築技術 pp.174 〜 182，2017年12月
5) http://www.hitachi.co.jp/New/cnews/month/2018/04/0430.pdf
6) https://www.pref.ibaraki.jp/doboku/kowan/kashimahuuryokukekka.html
7) 平成30年度福島沖での浮体式洋上風力発電システム実証研究事業総括委員会報告書
https://www.enecho.meti.go.jp/category/saving_and_new/new/information/180824a/pdf/report_2018.pdf
8) 橘泰至，豊田丈紫，嶋田一裕，中野幸一：太陽光発電システムの経年劣化評価技術の研究，
http://www.irii.jp/randd/theme/h25/pdf/study003.pdf
9) https://www.rikudenko.co.jp/rd_kairyu_gh_n/
10) 新エネルギー財団：「住宅用太陽光発電システム導入に関する調査」2008.3
11) （一社）日本内燃力発電設備協会：内発協ニュース，2011年4月号
12) 黒岩隆夫，刈込昇，林義之，柴田昌明，上田悦紀：三菱重工技報，Vol.141 No.3（2004-5）
13) 福島沖での浮体洋上検証結果と提言（概要版）
https://www.enecho.meti.go.jp/category/saving_and_new/new/information/180824a/pdf/report_2018_01.pdf
14) 環境省：洋上風力発電等に係る環境影響評価の基本的な考え方に関する検討会報告書，https://www.env.go.jp/press/files/jp/106160.pdf
15) 松信隆，長谷川勉，五十嵐満，佐藤和彦，二見基生，加藤裕司：大型風車「ダウンウインド2MW機」の開発，日立評論，pp.52-55，2009.03
http://www.hitachihyoron.com/jp/pdf/2009/03/2009_03_07.pdf）
16) http://www.mlit.go.jp/river/shinngikai_blog/shigenkentou/dai01/pdf/s06.pdf
17) 鷹尾伏亮，三木将生，酒井盛雄：こうえいフォーラム第22号，2014.3
18) ターボ機械協会：ハイドロタービン，日本工業出版，p.38，1991.11.29
19) http://geothermal.jogmec.go.jp/report/file/session_190620_01_nishikawa.pdf
20) https://www.tohokuepco.co.jp/news/normal/1195420_1049.html
21) （独）石油天然ガス・金属鉱物資源機構　地熱統括部：平成30年度JOGMEC地熱部門の稼働状況，2019.6 http://geothermal.jogmec.go.jp/report/file/session_190620_01_nishikawa.pdf
22) 電気設備被害の状況分析と地震対応の評価について：九州電力，2016.7.29
http://www.meti.go.jp/committee/sankoushin/hoan/denryoku_anzen/denki_setsubi_wg/pdf/009_02_00.pdf

4.2　モンゴルの太陽光発電所調査概報

　海外の見学調査は，シンガポール（2014年3月），ニュージーランド（2016年2月），台湾（2017年5月），モンゴル（2018年3月）を訪問した．

　本書では，とくに，2018年3月11日から28日まで長期調査したモンゴルの調査内容を報告する．同国では，ダルハン市の大規模な 10MW メガソーラ施設（表 4.1，No.22）を 2 日間にわたり見学調査でき，kW あたり抜群の発電量が得られていることを確認した．

4.2.1　モンゴルのエネルギー供給状況と
　　　　　太陽光発電所の調査概報

（1）モンゴルのエネルギー供給状況 [1]

　2017 年のモンゴルの発電量は 7,611.6GWh で，輸入量を除く国内総発電量 6,089.1GWh の 80％は石炭火力発電に依存するが，このうちの 65.3％は第 4 石炭火力発電所，18.5％は第 3 石炭火力発電所が担っている．

写真4.22　ウランバートルの石炭火力発電所(2018年3月18日14:50撮影)

図4.12　メガソーラ設置位置(Googleマップより)

表4.10　発電所の概要

所在地	モンゴル国ダルハン市
設置位置	北緯49°24'7" 東経105°56'41" 標高811m
敷地面積	約291,000m^2
太陽電池種類, モジュール枚数	多結晶, 32,258枚
モジュール出力, 変換効率	310W, 17.0%
総出力	10MW
年間予想発電量	約14.182MWh/年
設置角度, 方位	45°, 真南
運転開始時期	2017年1月1日

http://www.sharp.co.jp/corporate/news/160719-a.htmlに加筆

　首都ウランバートルにある両石炭火力発電所(**写真4.22**)は居住区にあるため煤煙が酷いが, これは近年の急激な発展によるもので, 当初は発電所が居住区から離れており, 現在のような石炭火力発電による煤煙の影響は少なかったようである.

　ただ, 期待されている再生可能エネルギーの比率はまだ少なく(4.2%), その構成比は風力, 水力, 太陽光がそれぞれ58.9%, 32.2%, 7.5%である.
(2)ダルハン市太陽光発電所

　この施設は, ウランバートルから北に約230km離れた地区に位置している(**図4.12**, **表4.10**). **写真4.23**は施設を真東から, **写真4.24**は南東位置から見たもの, **写真4,25**はモジュールの外観である.

写真4.23　真東からの遠景(2018年3月25日12:00撮影)

写真4.24　南東位置からの全景

モジュールの設置角度はすべて 45° で，向きは真南である．2017 年 1 月 1 日から稼働していて，総出力 10MW 規模，年間予想発電量約 14,182MWh/年である[2]．

この施設は，CEO 以下，エネルギー管理，電気管理者含めて総員 11 名，また，日常の施設管理は 9 名（3 交代）で，施設の管理はモニター監視でも行なっている（**写真4.26**）．

4.2.2　太陽光発電所の調査

（1）発電量

日本との比較も含めて，モンゴルの発電量の調査結果は次のようである．

① 2017 年の年間発電量は，計画値の 1,324 万 kWh を大きく超えて 1,706 万 kWh の実績を示し

ている（**表4.11**）．

② 総出力は 10MW で，kW あたり年間発電電力量は 1,706kWh/kW となるが，この値は日本の住宅の平均 1,000kWh/kW[4] に対して 1.7 倍である．

③ 最大発電電力量は 74,668kWh（2017 年 3 月 19 日，気温 − 10 〜 30℃，最高瞬間日射量 1.111kW/m²），年間最高，最低温度はそれぞれ，34℃（2017 年 7 月 28 日），− 41℃（2017 年 1 月 21 日）である．

④ 2017 年の月別発電量を**図4.13**に示す．冬期も積雪量が少なく，低温環境による変換効率向上や雪面の反射日射（散乱光）が発電量向上につながっていることが推測される．

また，過去 30 年間の平均日射量から発電量計画値を導出しているが，直近年の日射量が平均値より多くなっているため，実績値が計画値を上回

写真4.25　モジュール外観

写真4.26　モニターによる監視

表4.11　2017年発電電力量の実績と計画値[3]

月	実績(kWh)a	計画(kWh)b	率(%)a/b
1月	1,101,452	915,152	120
2月	1,448,059	1,200,000	121
3月	1,895,589	1,412,121	134
4月	1,756,679	1,333,333	132
5月	1,732,995	1,309,091	132
6月	1,555,576	1,248,485	125
7月	1,600,786	1,193,940	134
8月	1,294,920	1,127,273	115
9月	1,449,767	1,187,879	122
10月	1,304,397	872,727	149
11月	1,043,625	709,091	147
12月	875,061	733,300	119
合計	17,058,906	13,242,394	129

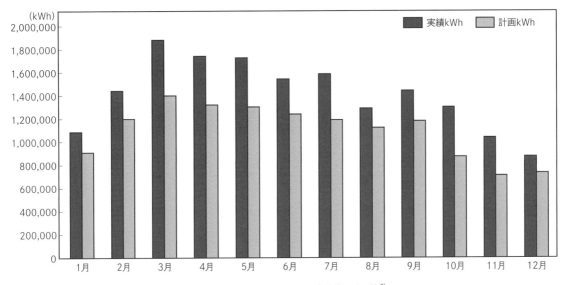

図4.13　2017年発電電力量の実績値と計画値[3]

る結果となっている.

　⑤晴天日の出現率が年間約73%（**表4.12**）で,
日本の約60%（東京管区気象台[5]）に比べて高い.

(2) メガソーラ外観と施設管理状況

大規模施設のため外観観察を2日間行なったが,
その結果は次のようである.

　①積雪は最大40cm程度で,冬期（10月〜3月）
にモジュール上の除雪作業28回,鳥の糞害によ

表4.12　2017年気象データ[3]

月	1	2	3	4	5	6	7	8	9	10	11	12	合計(日数)
曇	3	2	2	4	3	6	7	5	4	4	3	7	50
雪	5	5	3	3	1	—	—	—	—	3	4	4	28
雨	—	—	—	1	2	4	3	9	3	—	—	—	22
晴	23	21	26	22	25	20	21	17	23	24	23	20	265

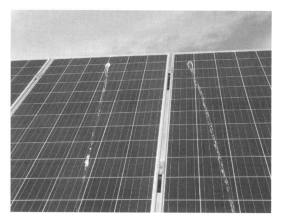

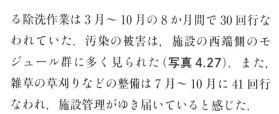

写真 4.27　鳥の糞害状況

写真 4.28　モジュール裏面架台の腐食状況

る除洗作業は 3 月〜10 月の 8 か月間で 30 回行なわれていた．汚染の被害は，施設の西端側のモジュール群に多く見られた（**写真 4.27**）．また，雑草の草刈りなどの整備は 7 月〜10 月に 41 回行なわれ，施設管理がゆき届いていると感じた．

　②モジュール架台の亜鉛めっき鋼板は，砂塵による汚れや砂塵と結露による腐食が発生していた（**写真 4.28**）．しかし，腐食減耗による材料強度上の影響は軽微と思われる．

　③モジュール架台の杭深さは，JIS C8955（2011）に準拠して引抜き強度を検討し，2m の深さで施工されていた（**写真 4.29**）．

　モンゴルの気象（日射量，晴天出現率など）は，太陽光発電の導入に相応しい自然環境である．今回見学調査した施設の kW あたり年間発電量は，日本に比べて約 1.7 倍であり，この実績値がそれ

を裏付ける結果となった．

　ただ，今回見学調査した設置地域は，モンゴルでは日射量の少ない北部に位置しているため，モンゴルの日射量を考慮すると[6]，適切に除雪・除塵などの施設管理を行なえば，南部では容易に日本の約 2 倍程度の発電量が得られると推定できる．

参考文献
1) 2017 STATISTICS ON ENERGY PERFORMANCE (ERC)
2) http://www.sharp.co.jp/corporate/news/160719-a.html
3) "SOLAR POWER INTERNATIONAL"LLC：ANNUAL REPORT 2017
4) NEDO 再生可能エネルギー技術白書第2版,森北出版,2014.3.10,pp.68〜69
5) https://www.jma-net.go.jp/tokyo/sub_index/kansoku_data/tenki/662.html
6) Kotaro Kawajiri,Takashi Oozeki,Yutaka Genchi;"Effect of temprerature on PV Potential in the World",Environ.Sci.technol.2011,45,9030-9035

写真 4.29　モジュール架台裏面外観（杭深さ 2m：JISC8955（2011）に準拠）

4.3　太陽光発電モジュール周辺金属材料[1), 2)]

　四方を海に囲まれた湿潤な日本の自然環境は，発電量を厳密に管理，活用する必要がある太陽光発電システムには厳しく，発電モジュール周辺金属材料にも影響を与えている．

　モジュールは建材一体型もあるが，一般的には地上や防水層に設置する「架台設置型」，大規模な折板屋根などに設置する「直設置型」（屋根置き型）が多い．これらのうちとくに目立っているのが架台の腐食で，折板屋根などに設置する屋根材側の耐食性も重要になり，モジュールと併せて適切な金属材料や表面処理材料の適用が求められる．

4.3.1　酸性雨

　モジュールフレームや架台，モジュール取付金物類や屋根材などを含めて，それらの基材である鉄，ステンレス鋼，アルミニウム，溶融めっき鋼板に表面処理を施す主成分である亜鉛が，酸性雨に対してどの程度耐食性があるのか，「Pourbaixの電位 -pH 図」を基にみていこう．

　海浜地域を問わず太陽光発電モジュール周辺金属材料に悪影響を与える酸性雨は pH5.6 以下をいうが，現状の酸性雨は $\overline{pH}_{min}$ 値（測定各年度の最低値）が 4.4 ～ 5.0 であり，酸性環境であることを示している（図4.14）．この環境では，鉄は腐食域であるが（図4.15），アルミニウムは図4.16

図4.14　降水中のpH年分布 $\overline{pH}_{min}$（平成23年度～平成27年度）

（出典：環境省平成27年度モニタリングデータより作成）http://www.env.go.jp/air/fig-h27%20.pdf

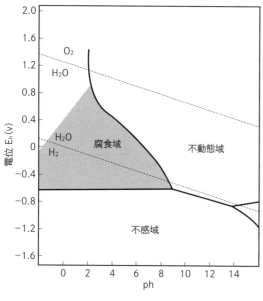

図4.15　鉄の腐食図（Pourbaix[3]）

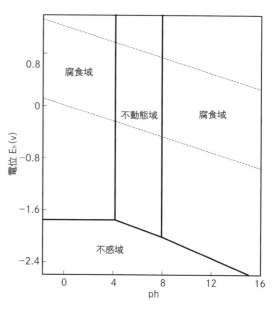

図4.16　アルミニウムの腐食図（Pourbaix[3]）

のように不動態域で，高耐食性を示している．

　ステンレス鋼は，鉄の腐食領域とクロムの腐食領域を重ねた**図4.17**が，18Cr-8Ni ステンレスいわゆる SUS304 の実測腐食領域図に近いものになる．図4.17 は，鉄の腐食領域の大部分でクロムの高耐食性によって腐食が阻止され，酸性雨に対して十分な耐食性を持つことを示している．なお，この高耐食性は，後述する二相ステンレス鋼でも

同様である．

　ステンレス鋼とアルミニウムの高耐食性は，不動態皮膜が保護皮膜として働き，錆の発生を防ぐためである．またステンレス鋼は，酸素と水がある環境で不動態皮膜が再生する自己修復性を持ち，加工傷のような新生面には瞬時に不動態皮膜が安定的に形成され，耐食性が保持される．この特性から，ステンレス鋼は太陽光発電モジュール周辺

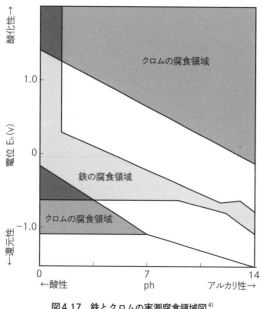

図4.17　鉄とクロムの実測腐食領域図[4]

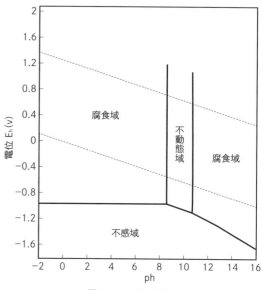

図4.18　亜鉛の腐食図
（Pourbaix[3]，伊藤伍郎「腐食科学と防食技術」による）

部材として広く採用されている.

鋼材は一般的に,「溶融亜鉛めっき」などの防錆処理仕上げがされている.その基本成分である亜鉛は,図4.18のように通常の自然環境では腐食域となるが,表面傷などで鋼板下地が露出しても異種金属接触腐食現象による「犠牲防食作用」として働く.

これによって鋼板下地の腐食を抑制する一方,亜鉛が外気に曝されて発生する腐食生成物である安定不動態域の水酸化亜鉛($Zn(OH)_2$)などが鋼板下地を覆い,保護する効果もある.

4.3.2 モジュール周辺金属材料の種類と性能

(1)各種溶融めっき鋼板

溶融亜鉛めっきは今日でも広く外装材に使われており,"どぶ漬け"と呼ばれている JISH の部門分類で規定される「溶融亜鉛めっき」と,薄物に使われ JISG で分類規定される「連続式溶融めっき」に大別される.

溶融亜鉛めっきの亜鉛付着量などは JIS H8641 で規定され,通常,HDZ40(片面付着量 400g/m^2)程度を使用する.ただし,高耐食性が要求される環境が厳しい海岸地域や厚肉部材では,HDZ55(片面付着量 550g/m^2)が望ましい[5].

一方,連続式溶融亜鉛めっき鋼板については,腐食抑制効果を安定させ,耐食性を向上させるために,亜鉛にアルミニウムを 5%添加した JISG3317 で規定されている「溶融亜鉛-5%アルミニウム合金めっき鋼板」(ガルファンと称される)や,さらに耐食性を高めるためにアルミニウムを 55%添加した JISG3321 で規定されている「溶融 55%アルミニウム-亜鉛合金めっき鋼板」(ガルバリウム鋼鈑と称される)が従来より屋根材などの外装材として採用されている.

とくに,JIS G3321 で規定される材料は,屋根材や壁材などの外装材として広く建材に適用されている.図4.19 に,SO_2 環境下での高い耐食性を示した[6].

最近では,このガルバリウム鋼板にマグネシウムを添加した高耐食性を持つ商品も市場化されている.図4.20 に示すように,マグネシウムの添加量と腐食減量評価から,マグネシウムを 2%程度添加することで腐食減量は最小になり,マグネシウムを添加しない材料に比べて約 3 倍の耐食性向上効果が得られていることがわかる[7].

さらに近年,腐食生成物自体による保護性を高めるため,アルミニウムに加えてマグネシウムを添加しためっき鋼板が普及しており,2012 年 11

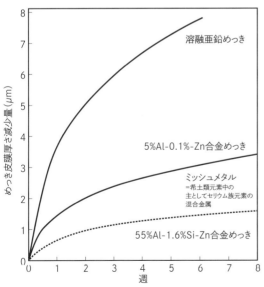

図4.19 10ppm の SO_2 を含む湿潤雰囲気での耐食性[6]
(35℃,R.H.=93〜94%)

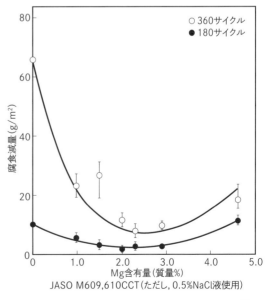

図4.20 腐食促進試験によるめっき腐食減量評価結果[7]

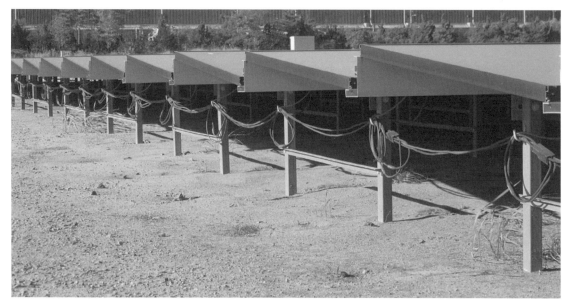

写真4.30　溶融亜鉛-アルミニウム-マグネシウム合金めっき鋼板採用例[1]（4.1：表4.1-No.11）

月に JIS G3323「溶融亜鉛-アルミニウム-マグネシウム合金めっき鋼板」として制定され，太陽光発電の架台として急速に採用が進んでいる．

写真4.30 は採用例である（表4.1, No.11），表4.1（92ページ）の No.10,No.15 の施設にも同類仕様の架台材料が使われている．

高耐食性能は，緻密な保護皮膜が形成されることで得られるが，切断部に初期の赤錆が発生する．しかし，犠牲防食作用などで腐食の進行が抑制され，通常部位では製品強度に与える影響は生じないと推定される．

ただし，太陽光発電モジュールの架台に採用する場合，雨水の滞留や流水で腐食速度が促進され，

赤錆が発生，進行することがあるので，モジュール間の隙間から雨水が流入して腐食が進まない対策を取ると同時に，モジュールから突出しない架台設計が求められる．

折板屋根へのモジュール設置の概念を図4.21 に示す．図のように，モジュールの遮蔽で直下の屋根面は雨水による洗浄効果が低下するため，外気の状況によっては湿潤状態あるいは乾湿を繰り返し，逆に腐食が進行する恐れがある．

そこで，モジュールを設置する屋根材を選定する場合は，耐食性などを比較評価して採用することが望ましい．図4.22 に，屋根材を含めモジュール周辺金属材料に採用される溶融亜鉛めっき鋼板

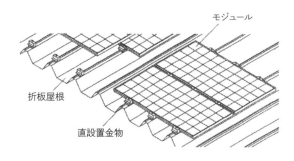

図4.21　モジュール直設置型の概念
（出典：太陽光発電フィールドテスト事業に関するガイドライン「設計施工・システム編」）（NEDO, 2010.3.19より）

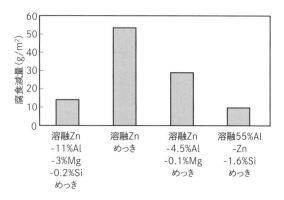

図4.22　大気暴露5年後の溶融亜鉛めっき鋼板の腐食減量[8]

表4.13　溶融めっき鋼板の分類とめっき浴成分

分類（JIS規格）		めっき浴成分（単位%）
番号	名称	
G3302	溶融亜鉛めっき鋼板及び鋼帯	Zn以外の元素1.0以下[a] 残部[b]Zn
G3317	溶融亜鉛-5%アルミニウム合金 めっき鋼板及び鋼帯	Al 4.0以上5.5以下，Al，Zn以外の元素1.0以下[a] 残部[b]Zn
G3321	溶融55%アルミニウム-亜鉛合金 めっき鋼板及び鋼帯	Al 50.0以上60.0以下，Si1.0以上3.0以下，Al，Si，Zn以外の元素5.0以下[a] 残部[b]Zn
G3323	溶融亜鉛-アルミニウム-マグネシウム合金 めっき鋼板及び鋼帯	Al5.0以上13.0以下，Mg2.0以上4.0以下，Al，Mg，Zn以外の元素1.0以下[a] 残部[b]Zn

注）a）意図的に添加した元素の合計．b）不可避的に混入した元素を含むことがある．

図4.23　ステンレス鋼の金属組織による分類と鋼種例

の耐食性の評価例を示した．

　なお，溶融亜鉛めっき鋼板類のJISGは，2019年に改正された．旧規格では，めっき成分の適用範囲を「質量分率」で示していたが，適用範囲の要求事項を明確化するため，2019年改正では「めっき浴の成分」を規定している．

　表4.13に，溶融亜鉛めっき鋼板の分類とめっき浴の成分を示した．

(2)ステンレス鋼

　ステンレス鋼は，主要成分からFe-Cr系とFe-Cr-Ni系に大別され，金属組織によりFe-Cr系は，「マルテンサイト系」，「フェライト系」，Fe-Cr-Ni系は，「オーステナイト系」，「オーステナイト・フェライト系」，「析出硬化型」に分けられる．図4.23に，金属組織による分類と鋼種（JIS）を示した．

　マルテンサイト系の13CrのSUS403はタービンブレードなどに，SUS410は刃物類などに使用されている．SUS416は快削性に優れ，自動盤向け材料としてボルトやナット類などになる．

　フェライト系の18CrのSUS430は汎用鋼種で，建築内装用として使用される．SUS445J2は熱膨張係数が小さく，高耐食性があり，高純度フェライト系ステンレス鋼と呼ばれて，ステンレス防水工法の防水材や屋根材の葺材として使われる．

　オーステナイト系のSUS304は，ステンレス鋼の代表鋼種としてあらゆる分野に用いられ，同系のSUS316はMoを添加することで耐孔食性に優れ，海浜地帯用の建材として採用されている．

　SUS304/316とSUS445J2の機械的性質を表4.14に示した．

表4.14　オーステナイト系ステンレス鋼（SUS304/316）とフェライト系ステンレス鋼（SUS445J2）の機械的性質（JIS G4305より作成）

種類の記号	耐力 N/mm²	引張強さ N/mm²	伸び%	硬さ		
				HBW	HRBS又はHRBW	HV
SUS304/316	205以上	520以上	40以上	187以下	90以下	200以下
SUS445J2	245以上	410以上	20以上	217以下	96以下	230以下

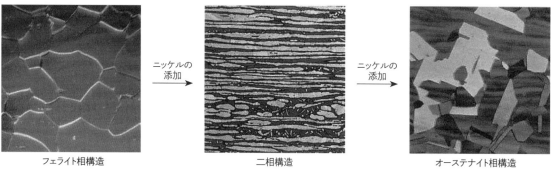

フェライト相構造　　　　　　　　　二相構造　　　　　　　　オーステナイト相構造

写真4.31　ステンレス鋼の金属組織（出典：二相ステンレス鋼マニュアル第二版2009年;IMOA出版）

オーステナイト・フェライト系の二相ステンレス鋼は，**写真4.31**に示すようにフェライト系ステンレス鋼にニッケルを添加してオーステナイト相も併せ持つ組織となり，フェライト系ステンレス鋼と同様に磁性があり，熱膨膨張係数は小さく（フェライト側に近い），強度はフェライト系，オーステナイト系よりも高くなる．

SUS821L1は河川設備の水門や太陽光パネル架台に使われ始め，SUS329J3Lは主成分が22Cr-5Niの汎用鋼種である．

析出硬化型は，熱処理によって金属間化合物などを析出させ高強度を得るタイプで，マルテンサイト系，セミオーステナイト系，オーステナイト系に分類される．

ここでは，代表的なマルテンサイト系のCuを添加したSUS630（17-4PH）と，セミオーステナイト系のAlを添加して析出硬化性を持たせたSUS631（17-7PH）がある．SUS630は，ダムの排砂ゲート回りにも採用されている．

建材や諸部材として最も使用されているステンレス鋼の代表鋼種のオーステナイト系SUS304は，「準安定オーステナイト系」とも呼ばれ，常温加工で「加工誘起変態」，いわゆるマルテンサイト変態を生じ，加工後磁性を持つようになるので注意が必要である．

写真4.32は，2013年12月千葉県八街市に設置した830kW出力規模の八街発電所施設（4.1，表4.1，No.4）の架台で，材質は省合金型二相ステンレス鋼SUS821L1を採用している．

調査見学時は設置後約半年経過した状態で，外

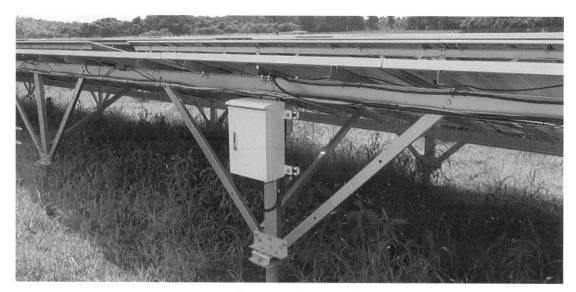

写真4.32　千葉県八街発電所の架台（SUS821L1）の外観[2]

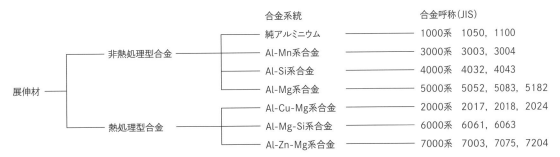

合金系統　　　　　　　　　　合金呼称（JIS）

非熱処理型合金
- 純アルミニウム ── 1000系　1050, 1100
- Al-Mn系合金 ── 3000系　3003, 3004
- Al-Si系合金 ── 4000系　4032, 4043
- Al-Mg系合金 ── 5000系　5052, 5083, 5182

展伸材

熱処理型合金
- Al-Cu-Mg系合金 ── 2000系　2017, 2018, 2024
- Al-Mg-Si系合金 ── 6000系　6061, 6063
- Al-Zn-Mg系合金 ── 7000系　7003, 7075, 7204

図4.24　アルミニウム合金の展伸材の分類

観的に表面の錆はほとんどなかったが，設置場所は田園地域のため，海浜地帯などの環境によっては点錆などの軽微な錆が発生すると予想される．しかし，パネルの架台強度は基本的性能であり，二相ステンレス鋼の高強度，高耐久性の特性が活かされ，今後の普及が期待される．

(3)アルミニウム

アルミニウムは，板に代表される「展伸材」と鋳物に代表される「鋳造材」に大別され，太陽光発電のモジュールのフレーム，架台，パネルなど建材に用いられるのは，主に展伸材である．

展伸材はさらに，圧延や押出しなど冷間加工による「非熱処理型合金」，焼入れや焼戻しなどによる「熱処理型合金」に分けられるが，非熱処理型合金でも焼鈍しや安定化処理などの熱処理を施すことがあり，熱処理型合金でもより高強度を得るため冷間加工することがある．

これらの合金は，主要添加元素の種類により**図4.24**のように分類される[9]．

図で，非熱処理型合金の1000系は工業用純アルミニウムを指し，JIS1100はカーテンウォール

として，Mnを添加した3000系JIS3004はアルミ缶ボディや屋根板として，Siを添加し，熱膨張を抑え，耐摩耗性を改善した4000系JIS4032はシリンダヘッド，JIS4043はビル建築の外装パネルとして用いられている．また，中程度のMg（2.2〜2.8％）を添加した5000系JIS5052は，一般板金として用いられる板の代表である．

熱処理型合金では，Cu, Mgを添加して高強度を得た2000系JIS2017,2018は，それぞれ「ジュラルミン」，「超ジュラルミン」と呼ばれる高強度アルミニウム合金である．

Mg, Siを添加して押出性に優れた6000系JIS6063は，建築用サッシに用いられる代表的な押出用合金である．また，Zn, Mgを添加しアルミニウム合金中最も高強度の7000系JIS7075は，「超々ジュラルミン」と呼ばれて航空機の機体に使用されている．

太陽光発電のモジュールフレームには一般的にA6063T5が，地上設置用架台にはA6063T5の他，部位によっては高強度のA6005CT5, A6005CT6が採用されている（**表4.15**）．

表4.15　アルミニウム合金番号6063,6005Cの機械的性質（JIS H4100-2015より作成）

合金番号	質別	引張試験					硬さ試験	
		試験箇所の厚さ (mm)	引張強さ (N/mm^2)	耐力 (N/mm^2)	伸び(%)		試験箇所の厚さ (mm)	HV5
					A_{50mm}	A		
6063	T5	12以下	150以上	110以上	8以上	7以上	0.8以上	58以上
		12を超え25以下	145以上	105以上	8以上	7以上		
6005C	T5	6以下	245以上	205以上	8以上	―		
		6を超え12以下	225以上	175以上	8以上	―		
	T6	6以下	265以上	235以上	8以上	―		

写真4.33　海竜太陽光発電所アルミ製架台[1]
（A6005CT6,A6063T5）

　写真4.33は，富山県海竜太陽光発電所（表4.1，No.10）のアルミ製架台である．厳しい環境の海浜地域に位置し，A6005CT6，6003T5が採用されている．

　国内太陽電池メーカーのアルミフレームの多くは，JIS H8602で規定される陽極酸化塗装複合皮膜が施されている．表4.16は，その種類と適用環境をJIS H8602から抜粋した．複合皮膜の種類としては主にA2が，海浜地域で紫外線露光量の多い場所はA1が用いられる（複合皮膜の種類の複合耐食性試験，耐候性試験，陽極酸化塗装被膜の性能などの詳細はJISH8602を参照のこと）．

　太陽光発電の架台含め建材として各種表面処理鋼板，ステンレス鋼，アルミニウムを適用する場合は，コストはもちろん，耐久性や強度および切断，穴あけ加工時の加工面の耐食性や接触腐食の影響などを総合的に比較検証し，各材料を適切に選択あるいは組み合わせて採用することが大切である．

　また，太陽電池パネルの架台類を設計計画する場合は，JIS C8955の「太陽電池アレイ用支持物設計用荷重算出方法」，「電気設備技術の解釈」や，最新版「地上設置型太陽光発電システムの設計ガイドライン」に準じて，最適な設計を基に施工することが求められる．

参考文献
1) 飛田春雄：パネル架台に用いられる各種金属材料（その1）），建築技術，pp.58〜63,2016,06
2) 飛田春雄：ステンレス建材および二相ステンレス鋼JIS追補（JISC4305改正）の概要（その2），建築技術，pp.46〜52,2016,07
3) Marcel Pourbaix:Atlas of Electrochemical Equilibria in Aqueous Solutions,National Association of Corrosion Engineers,1974
4) 久松敬弘：日本金属学会会報,20,1981.3
5) NEDO：太陽光発電フィールドテスト事業に関するガイドライン[設計施工・システム　編] pp.58〜60,2010.3.19
6) D.C.ヘルシャフト，J．ペレリン，B．ブラモード；鉄と亜鉛,1982
7) 藤井史朗,山中慶一,下田信之：Mg添加55％ Al-1.6％ Si-Znめっき鋼板の開発,第36回防錆防食技術発表大会,2016.7.7〜8
8) 浦中将明：溶融Zn-Al-Mg系合金めっき鋼板,表面技術,Vol.62,No.1,p.15,2011
9) アルミニウムハンドブック（第8版）：(一社)日本アルミニウム協会技術企画委員会編,2017.2.15

表4.16　アルミニウムおよびアルミニウム合金の陽極酸化塗装複合皮膜の種類と適用環境（JIS H8602-2010より作成）[1]

種類	適用環境（参考）
A1	過酷な環境で，かつ紫外線露光量の多い地域の屋外
A2	過酷な環境の屋外
B	一般的な環境の屋外
C	屋内
適用環境の注記	
"過酷な環境"とは，腐食・劣化の激しい地域で海浜および沿岸をいい，"一般的な環境"とは，工業地域，都市地域および田園地域をいう．海浜とは，海岸線から300m以内の地域（飛来する海塩粒子の影響が最も激しい地域）をいう．沿岸とは，海岸線から300mを超えて2km以内の地域（飛来する海塩粒子の影響が比較的大きい地域．ただし，南西諸島の島は，海岸線から2kmを超えても，すべてこの区分に入れる）をいう．工業地域とは，生産活動に伴って，大気汚染物質（硫黄酸化物（SOx），窒素酸化物NOx），降下煤塵などを発生する地域をいう．都市地域とは，商業および生活活動に伴って大気汚染物質を発生する地域をいう．田園地域とは，大気汚染物質の影響が少ない地域をいう．紫外線露光量の多い地域とは，亜熱帯海洋性気候に類似した地域をいう．	

4.4 再生可能エネルギーの留意点とまとめ

4.4.1 再生可能エネルギー施設と日本の自然環境

日本の自然環境は厳しく，再生可能エネルギー施設が直面する課題は多い．施設の建築設計をするうえで，地震始め風雪，温度，土圧，水圧，津波，衝撃などさまざまな荷重や影響を考慮しなければならない．また，これらの荷重の組合わせは，対象とする建築物全体あるいは各部の要求性能水準に応じて定めなければならない[1]．

施設の設計や施工，維持管理は JIS などに準拠するが，ここでは著者が調査した 2011 年 3 月の東日本大震災後の太陽光発電施設調査事例や，日本の自然環境とくに塩害や風の環境など[2],[3]についてみていく．

(1) 大震災後の調査事例

写真 4.35 は，震災直後（5 月 2 日）の茨城県神栖市・水産工学研究所の太陽光発電施設（80kW，表 4.1，No.2）のモジュール架台基礎周辺の地割れ状況である．ステンレス製架台を使用，さらに布基礎構造を採用し，被害は軽微にとどまっている．

写真 4.36 は，11 月 18 日に調査した日立市駒王中学校（表 4.1，No.3）のステンレス防水工法屋根に 10kW の太陽光発電モジュールを搭載した

地割れ状況

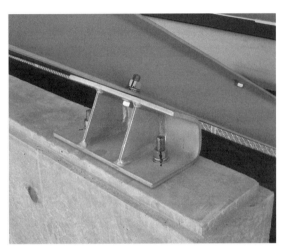

RC 基礎天端部の台座金物取付け状況

写真 4.35　茨城県神栖市水産工学研究所の地割れおよび台座金物（SUS304）取付け状況[2]

海側→

写真 4.36　日立市駒王中学校全景と太陽光パネル搭載屋根部および国道 245 号線被害状況[2]

事例である．この施設は，地震や風の荷重を考慮してモジュールを支持する固定用プレートを躯体（母屋＝リップ溝形鋼）に溶接しており，モジュール架台はもちろん，太陽光発電システムは地震の影響を受けなかった．

水産工学研究所の施設は，架台と金物類にステンレス鋼の代表鋼種である SUS304 を採用しているが，SUS304 のようなオーステナイト系はすぐれた特性を持つ半面，線膨張係数が大きく，熱応力や熱伸縮で歪が発生する．

一方，駒王中学校は，熱伸縮が影響するステンレス防水工法や長尺屋根への適用に向け，高クロム化とともに延性，靭性を維持し，C，N，Mn を低減した高純度フェライト系ステンレス鋼を採用している．

(2)建築物の耐震，制震，免震性能と太陽電池モジュールの関係

図 4.25 から，建築物の耐震，制振，免震の概要をみてみよう．

地震波の卓越成分は f = 1〜5Hz 程度である．共振曲線模式図と建物の固有振動数の式(4.1 式)から，次のことが読み取れる．

$$fn ≒ \frac{1}{2\pi}\sqrt{\frac{K}{M}} \quad\cdots\cdots\cdots\cdots\cdots\cdots(4.1)$$

①耐震性能は，図の式から f_n を大きくする，すなわち，柱や壁の剛性 K 値を大きくすれば向上する．

②免震性能は，f_n を小さくする，すなわち，剛性 K 値を小さくすれば向上する．

ただし，柱や壁の剛性を小さくすると，強風などで建物が壊されてしまうので，実際には横方向剛性の低い積層ゴムなどを用いて剛性 K′ を小さくしている．

③制震性能は，図 4.25 のように f/f_n（地震振動数／建築物の固有振動数）がほぼ 1 となる共振点領域で，建造物の変位増幅を抑制することで得られる．具体的には，構造模式図に示すようにオイルダンパーや粘弾性ダンパーなどを用いて振幅倍率（│X│／│Z│）を低減させ，制震性能を向上させている．

ここで，住宅を主とした一般の建築物に太陽光モジュールが設置される屋根の部位を対象に考察すると，次の点がいえる．

①量 M が小さいほど耐震性は高くなるため，耐震性に与える影響は小さくなる．したがって，耐震性については建材一体形のほうが当然，直設置型のモジュールタイプより影響が少ない．

②一般的に採用されている単結晶，多結晶モジュールも約 100kg/kW 程度であり，屋根面への取付金具類を含めた質量を加えても，耐震性へ

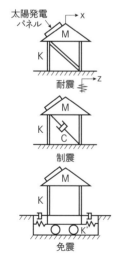

M：質量
K，K′：剛性
C：粘性減衰係数
│X│：建築物振幅
│Z│：地震卓越成分の振幅
f：地震卓越成分の振動数
f_n：建築物の固有振動数

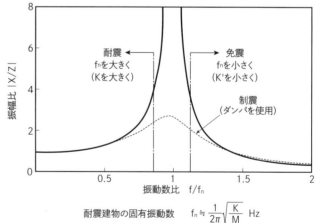

耐震建物の固有振動数　$f_n ≒ \frac{1}{2\pi}\sqrt{\frac{K}{M}}$ Hz

通常地震波の卓越成分　f=1〜5Hz程度

図4.25　耐震・制震・免震[3]

の影響は少ないと推定される.

　ただし, 住宅, 非住宅問わず次の点に留意する必要がある.

　①太陽電池モジュール, 架台などの落下の影響は屋根瓦の比ではなく, 地震の際の屋根躯体とモジュールの締結部の信頼性が最も重要である.

　②とくに, 積雪荷重と地震荷重の組合わせによる, モジュールの屋根締結部への衝撃荷重に対する信頼性は重要で, 評価方法の確立が求められる.

　③電気系統については, 地震による建物や各機器類間の相互の揺れなどで各機器の脱落や機器間の相互のズレなどが生じないよう, 取付部の躯体の仕様や取付方法の事前の確認が求められる.

(3)塩害

　大規模太陽光発電施設は, 平坦な海浜地域への設置が多い. また, バイオマス発電についても燃料の受入れもあり, 港湾に隣接する施設が多い. とくに風力発電施設は, 沿岸地域に数多く設置されており, 塩害には十分注意しなければならない. そこで, 飛来海塩粒子濃度と離岸距離の関係や, 今後, 沿岸施設の採用が期待される高耐食性ステンレス鋼の適用について要点をみてみる.

　①飛来海塩粒子濃度と離岸距離

　飛来海塩粒子は, 太陽光発電のモジュールフレームや架台はもちろん, 電気盤の換気口からの塩分侵入, 海岸地帯の風車の設置仕様など, 再生可能エネルギー施設の維持管理の対策方法に影響を与える.

　図4.26は, 海塩粒子の濃度と海岸からの距離の関係を示しており, 海岸から1km離れると飛来海塩粒子濃度は約1/25に減少することがわかる. そこで, 海岸から500m〜1km以内に設置する太陽光発電施設は, 飛来海塩粒子の影響に留意して塩害対策を講じる必要がある[2].

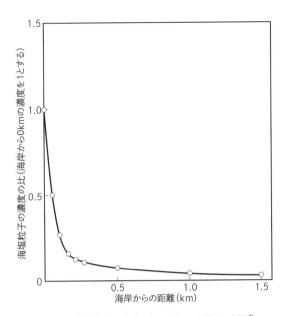

図4.26　海塩粒子の濃度と海岸からの距離との関係[4]

　②沿岸施設への高耐食性ステンレスの適用

　写真4.37は, 千葉県銚子沖洋上風力発電設備である(表4.1, No.25). 厳しい気象と海象下の運転状況と維持管理の状況, また接地線の切断や海底ケーブル防護用可撓SUS管の損傷などを東京電力を訪問して(2018年9月16日)確認した.

　経済産業省は, 日本沿岸の洋上風力について銚子沖など候補地を決定し(2019年7月30日), 2030年度までの発電開始を目指している. 今後,

写真4.37　銚子沖洋上風力発電所遠望(2019.3.24)

表4.17　二相ステンレス鋼の分類とPRE(参考)[5]

分類	規格			主要成分	PRE *
	JIS	UNS	EN		
省合金型二相鋼	SUS821L1	S82122	—	21Cr-2Ni-3Mn-1Cu-0.17N	23.7
	SUS323L	S32304	1.4362	23Cr-4Ni-0.15N	25.4
汎用二相鋼	SUS329J1	S32900	1.4460	25Cr-4.5Ni-2Mo	31.6
	SUS329J3L	S31803	1.4462	22Cr-5Ni-3Mo-N	31.9
	SUS329J4L	S31260	—	25Cr-6Ni-3Mo-N	34.9
スーパー二相鋼	SUS327L1	S32750	1.4410	25Cr-7Ni-4Mo-0.3N	43.0
比較材	SUS304	S30400	1.4301	18Cr-8Ni	18.0
	SUS316	S31600	1.4401	18Cr-12Ni-2.5Mo	26.3
	SUS445J2	—	—	22Cr-2Mo-極低(C,N)	28.6

* PRE(Pitting Resistance Equivalent=耐孔食性指数)=Cr%+3.3×Mo%+16×N%
　PREのうち，SUS329J3L，SUS329J4L，SUS445J2についてはN分を除外

港湾の整備などに伴い，沿岸施設の各部位に高耐食性ステンレス鋼の採用が検討されると思われる．

表4.17に，SUS304などを含む高強度，耐食性を持つ二相ステンレス鋼の分類と耐孔食性指数(PRE)を示す．PREは孔食性を示すパラメータで，40を超えると「スーパー二相鋼」と呼ぶ．

(4)日本の風環境

日本の風環境も，太陽光発電施設，風力発電施設に限らず厳しい環境である．図4.27に，地表面粗度区分Ⅱ(田園地帯)の地上10mにおける10分間平均風速の再現期間100年に対する基本風速を示した．

図のように，海浜地帯など平坦な地域の風環境は厳しい．このため，今日，大量に設置している地上設置型太陽光発電施設の耐風性能，とくにモジュールの支持架台設計がシステムの耐久性上，重要になる．

2017年3月に改正されたJIS C8955「太陽電池アレイ用支持物の設計用荷重算出方法」や「地上設置型太陽光発電システムの設計ガイドライン」，「太陽光発電システム保守点検ガイドライン」など最新版の関係図書を遵守して，導入前はもちろん，導入後に至るまで，適切に設計，維持管理に努めることが求められる．

図4.28は，横浜地方気象台の最大瞬間風速のモデル例[6]である．同気象台は，横浜港から約600m離れた海浜地域に位置している．図は，この気象台の1年間(2000年)の地上10mにおける最大瞬間風速データを「グンベル分布」で対数変換し，50年間の風速分布にモデル化した例である．

グンベル分布は極値分布であり，施設の予想される応力集中部位に対して，累積疲労損傷度を導出して適用材料の疲労強度の検証が可能である．なお，気象データ類は，国内の各海洋気象台，地方気象台や地域気象観測所などで公開されているため，設置場所に近い気象台や観測所の観測記録を確認して，風荷重に対する検討や考察を行なうことも大切である．

4.4.2　発電施設見学調査のまとめ[3)7)8]

(1)太陽光発電

①日本の大規模太陽光発電施設の多くは，海浜地帯に設置されている．自然環境は高温多湿でモジュールは厳しい日射に曝され，とくに海浜地域は飛来海塩粒子の影響を受ける．そのため，過酷な自然環境にあるセルの経年劣化に注意し，設置後も継続した発電性能管理を行なうことが不可欠である．

②住宅用は，気象条件によってモジュールの裏面部が湿潤な劣悪な状態になる．したがって，落ち葉の堆積や雨水が溜まって端子と間ケーブル間がショート(短絡)し，異常発熱や引火につながらないよう，モジュール周辺の保全管理が大切である．また，今後システムの更新や廃棄の際に諸費

用が発生するが，屋根材や下地材の補修費用の確保も考慮しなければならない．

③非住宅用として大規模に搭載される折板屋根は，条件によって屋根面温度が＋80～－15℃程度という厳しい温度変化に曝される．とくに二重折板葺工法は，上弦材と下弦材と温度差による相対的伸縮量が大きいため，既築物へ導入は断熱ボルトや吊り子の状況を事前に確認することが大切である．

④風も太陽光発電施設に厳しい環境である．とくに海浜地帯など平坦な地域では，大量に設置している地上設置型太陽光発電施設の耐風性能，とくに前述した JIS C8955 などに基づくパネルの支持架台設計が，システムの耐久性上重要になる．

(2)風力発電

①日本の風環境が厳しい点は，風力発電施設に対しても同様である．台風はもちろん，瞬間風速や風の乱れ，また季節の風速特性を考慮すると，風力施設には過酷な環境であり，見学調査先や国内に点在する施設を外観しても，明らかに故障や修理中で停止している風車が見受けられる．

大型風力発電装置は，同期発電機を用いたギアレス方式が高コストのため，ギヤ付き誘導発電機方式が多く設置されている．ナセル内の軸受やギヤの点検，潤滑状況の確認，油圧作動油の定期点検など，円滑に稼働させるためには風力発電施設のメンテナンスの役割が重要である．

図に示されていない伊豆諸島　46（m/s）
図に示されていない薩南諸島
および沖縄諸島，大東諸島，先島諸島，
小笠原諸島　50（m/s）

図4.27　基本風速（m/s）
（出典：日本建築学会建築物荷重指針・同解説　2015,p.18）

②洋上風力は，再生可能エネルギー海域利用法施行後，導入が期待されているが，日本の洋上の風環境は陸上以上に厳しく，水深も深い．そのため，洋上の自然環境に適した設計技術や，SEP 船による洋上建設工事などの施工技術，さらには設置後の運転保守管理技術が問われてくる．また，陸上は風車と基礎を分けて設計可能であるが，洋上では一体設計が必要になる．

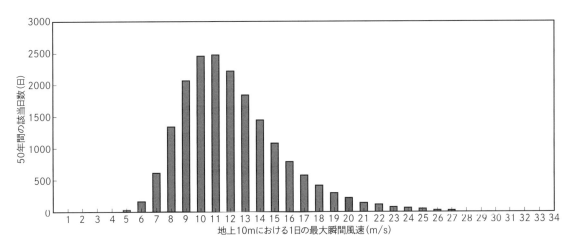

図4.28　50 年間の風速分布例（回帰モデルによる推定：最大瞬間風速）[6]

③導入計画時の風況予測が今後展開できる鍵であり，計画段階の予測と導入後の発電量との乖離の問題が生じないようにすることが重要である．また，発電規模にもよるが，調査段階から環境アセスメントを経て，建設完了までの期間が長期であり，開発リスクが大きい．

さらに，今後期待される気象予測による需給運用も，発電による出力が風速の3乗に比例するため，風速予測誤差が出力の大きな誤差につながることにも留意する必要がある．

(3)中小水力発電

①日本の自然環境は厳しいが多雨で山岳地帯が多く，雨水が集積してその位置エネルギーを活用できるため，地形的には中小水力発電に適している．しかし，水利権や設置に伴う導水路や水圧管設置，発電所の基礎工事など，土木工事のコストが大きな課題である．

②中小水力発電は，規模は限られるが各地域で取り組みやすく，身近に再生可能エネルギーに対する理解が得られ，さらに地産地消につながる．ただし，水車への異物流入を防止するための除塵対策，刻々のシステムの維持監視，下流河川への影響，水車の騒音対策などが不可欠である．

(4)地熱発電

①発電所によっては，順調に稼働している施設がある一方で，当初の計画に対して発電量が激減している施設もある．国立公園地域の開発規制，地域住民との合意形成も課題であるが，掘削技術を含む探査技術も今後の展開の鍵である．風力と同様，計画時の発電能力を過大に見積もり，導入後の発電量との乖離が生じないことが重要である．

②調査件数に対して事業化された地域が少ない．開発業者間の調整を行なったうえで，導入候補地域の自然環境や地域の意見など「実行可能性調査」（FS = Feasibility Study）をし，その結果を踏まえて候補地を絞り，本格的調査を経て事業化することが大切である．

(5)バイオマス発電

①バイオマスの燃料となる木質チップなどはエネルギー密度が低く，安定した稼働のためには大量の燃料確保が不可欠であり，近距離内でのサプライチェーンの構築が必須である．また，定期修理期間以外で燃料チップの品質に起因するボイラの故障などによる停止は避けなければならない．発電所側，燃料供給側双方には，燃料用木質チップの品質基準の理解が求められる[9]．

②将来にわたって持続するためには，燃料確保が容易で排熱の利用も可能なエネルギーの地域循環を目指した，小規模なバイオマスの導入をはかることが望まれる．

③バイオマス施設には，ダストを除去するバグフィルタの他，地域の環境基準によって，SO_xを削減する排煙脱硫装置，NO_xを削減する排煙脱硝装置が必要な施設と，燃料の種類や燃焼方式によっては装置が不要な施設もある．

今後，燃料の種別の選択と確保や導入計画については，環境問題に対する地域住民の理解を得ることも大切である．

(6)共通事項

①導入者側からは，許認可の煩雑さや事例の少ない事業への融資，資金調達（債務保証や少ない政策的支援）などの率直な意見もあった．今後の支援策を望みたい．

②水車，風車とも海外製が増え，故障時の部品材料の特定や幾何公差など設計情報が不足して部品調達や加工対応などに支障が生じ，早期復旧が困難になることから，予知保全や事後保全など管理体制の確立が求められる．

参考文献
1) 建築物荷重指針・同解説(2015)／日本建築学会,2015.2.25
2) 飛田春雄／太陽光発電のパネル周辺金属材料の種類と性能(その1),建築技術,pp.58〜63,2016.06
3) 飛田春雄／建築技術者のための太陽光発電基礎講座(第6回),建築技術,pp.58〜64,2012.07
4) Corrosion of Atomospheres：ISO/TC,156WG4,N66E,1983
5) 飛田春雄／太陽光発電のパネル周辺金属材料の種類と性能(その2),建築技術,pp.46〜52,2016.07
6) 飛田春雄／金属防水屋根の技術と性能,東洋書店,2006.4.25
7) 飛田春雄／再生可能エネルギーの着実な普及に向けて(第10回),建築技術,pp.174〜182,2017.12
8) 飛田春雄／建築技術者のための太陽光発電基礎講座(第10回),建築技術,pp.58〜65,2012.10
9) https://www.jwba.or.jp/woodbiomass-chip-quality-standard/

第5章

今後の展望

今後の再生可能エネルギーは，「再生可能エネルギー海域利用法」による洋上風力，2019年11月以降FIT対象の契約期間を迎えた住宅用太陽光発電の今後の動向が注目され，さらに2020年度末までに行なうFIT法の抜本的見直し時期と見通しなどエネルギー施策の動向に左右される．

ここでは再生可能エネルギー施設調査で得た知見など[1]も考慮しながら，再生可能エネルギーの今後を展望する．

5.1 電源別発電量構成比の推移

図5.1は，水力を除いた再生可能エネルギー源と，他の主要電源を対象とした2017年までの電源別発電量構成比の推移[2]である．2010年以降全体の発電量は減少しているが，再生可能エネルギーの比率はやや増え，2017年度で8.1％（860億kWh），水力を含むと16.0％（1698億kWh）となる．また，2011年の大震災以降，原子力は激減しているが火力は増大し，2017年度は2010年度比でLNG（液化天然ガス）約1.4倍，石炭約1.2倍となっている．

東日本大震災を契機にLNGの比率は高くなり（39.5％，4,193億kWh），2018年現在，世界最大のLNG輸入国である．また，石炭も2017年度は32.7％（3,464億kWh）とLNGに次いで多く，臨界圧石炭火力発電や次世代の石炭ガス化複合発電の燃料として中長期的に欠かせない．一方，2016年11月「パリ協定」の発効で

CO$_2$排出量が規制され，今後の新設見通しは不透明である．

日本は2014年秋以降，原油価格低下に助けられた面もあるが，エネルギー資源の多くを中東に依存し常に国際情勢の影響を受けやすく，リスクを抱えている．いずれにしても，石炭はベース電源としてLNGは出力調整に欠かせないミドル電源として，火力は中長期にわたり電源の大半を担うことになる．

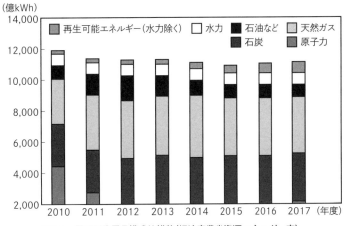

図5.1 電源別発電量構成比推移（経済産業省資源エネルギー庁）
https://www.enecho.meti.go.jp/statistics/total_energy/pdf/stte_025.pdf2）より作図

一方，CO_2排出量増加による温暖化防止には課題があり，CO_2を低減できる高効率火力発電への設備更新が急がれる．なお，「石油利用拡大に関するIEA宣言」(1979年5月)で石油火力の新設禁止が盛り込まれ，電力量構成比率が減少しているが，震災後の化石燃料不足に対応して2017年度も8.7％(919億kWh)を占める．運転コストは高いが負荷変動の対応力が大きく，ピーク電源として欠かせない．

水力も，電力量構成比で常に8％前後(約800億kWh程度)を維持して設備利用率が高く，ベース電源としてまた予備力としても重要で，再生可能エネルギー源の中核となる電源である．

2020年4月の石油先物価格は，新型コロナウィルスの影響で史上初のマイナス価格を示したように，国内外のエネルギーを取り巻く動向が今後注視されるが，いずれにしても長期的に見て化石燃料の依存度はますます低減すると予想される．

5.2　再生可能エネルギーの今後の展望

5.2.1　再生可能エネルギー発電施設の今後

表5.1は，2018年12月末時点の再生可能エネルギーの導入状況と2030年度の目標である．

(1)太陽光発電

①FIT法[3]が施行され，2020年度末までの抜本的見直しの内容によっては，今後太陽光の導入量が抑制されることも考えられる．また，未稼働問題も常に指摘されているが，ZEH標準化によって太陽光発電の搭載が前提になる住宅用市場への需要が期待され，今後とも再生可能エネルギー導入の牽引役を果たし，2030年度の目標は実現すると思われる．

②出力が安定しない太陽光，風力は調整電源として火力(LNG)が必要なため，国民負担の抑制につながるコスト低減が緊急課題である．とくに太陽光発電は今後も再生可能エネルギーの大半を占めると予想され，変換効率向上始め2025年から住宅用(10kW未満)は卸電力市場価格，事業用

(10kW以上)は7円/kWh(事業用10kW以上)の価格目標[4]実現が求められる．

③日本は，パリ協定で温室効果ガス削減目標を2013年度比26％としており，建築物の関連業務や家庭部門の民生部門で約40％の削減が求められている．これを実現するためには，推進中のZEH，ZEBの展開が重要で，とくにZEHはハウスメーカーや地域の工務店が牽引役になり，需要が進めば「スマートグリッド」社会へと変貌し，国民が期待する再生可能エネルギーの役割が果たされる．

(2)風力発電

①日本は風環境が厳しく，期待される洋上も水深の問題があるため，建造・設置コストや稼働後のシステム維持が重要で，目標達成までの歩みは遅い．しかし，1.7％の目標値自体が低く，この目標値は容易に達成可能である．

②「再生可能エネルギー海域利用法」[5]の施行で，今後洋上風力計画の競合が始まると思われるが，洋上風力発電設備技術の整備が急務で，SEP船による施工技術やO＆M技術の確立も求められる．また，「改正漁業法」[6]が成立し，環境アセスメント手続きや漁業関係者との調整など大改正であるが，洋上風力導入までにはかなりの時間が必要である．

(3)中小水力発電

中小水力はFIT前の導入量が大きくFIT後は微増であるが，目標値は達成できると思われる．水利権や設置に伴う土木工事コスト問題を抱えているものの，また農業用水利用始め規模は限られるがダムの維持放流利用や砂防ダムの活用など，小水力(1MW未満)の展開で着実な普及が期待される．

(4)地熱発電

国立公園地域は多くの規制があり，開発にはその対策と地域住民との合意形成が求められる．日本は火山国ではあるが貯留層の形態(透水性など)と規模が小さく，地熱(蒸気フラッシュ150℃以上)として期待できる有望地点は限られるため，2030年度1.0～1.1％の目標実現は厳しく，現状のままでは目標の1/2程度にとどまることも予想される．

表5.1　2018年12月末時点の再生可能エネルギーの発電設備の導入状況

単位万kW

発電設備の種類	太陽光	風力	中小水力	バイオマス	地熱	合計
FIT導入前	560	260	960	230	50	2,060
FIT導入後	4,305	111	35	152	2	4,605
認定容量	7,267	709	120	873	8	8,977
2030年度目標	6,400	1,000	1,084〜1,155	602〜728	140〜155	

出典：経済産業省資料，および環境省報告書[7]により作成（2030年度の総発電電力量は10,650億kWhとする）

(5)バイオマス

　認定容量も急増しており，開発投資が太陽光からシフトしていることがわかる（表5.1）．認定量を考えればすでに目標値の水準であるが，将来にわたって持続するためには，エネルギーの地域循環を目指して寒冷地では排熱の利用も進め，また各地域単位に2MW未満の小規模バイオマスを導入することが地産地消にもつながる．

5.2.2　2030年度再生可能エネルギー比率の見通し

　世界各国はパリ協定によって地球温暖化対策に取り組み，日本も削減目標の実現と同時に，安全保障に欠かせないエネルギー自給率の向上を目指すことが急務である．それには，LNGや石炭と同様，再生可能エネルギー源を電源構成の一翼を担える「主力電源」とすることが社会の要請でもある．

　表5.2に，2030年度の目標値と参考として環境省の中位・低位予測[7]を示す．2030年度の再生可能エネルギー比率の見通しは，今後の原子力発電活用や，期待される蓄電池開発の動向などから，さまざまなケースが想定される．

　太陽光発電を主とした2012年7月以降の急激な導入量を考慮すると，2014年当時は環境省の中位予測（29.3％）に迫ることも予想されたが，2020年度末までのFIT法の抜本的見直しの内容によっては，むしろ低位予測（22.7％）になることも考えられる．

　現在，住宅用太陽光発電は2019年11月以降，買取期間中の売電から順次自家消費か自由契約いずれかの選択を迫られている．逆にこれが契機になり，今後蓄電システムや電気自動車（EV）の普及に拍車がかかり，HEMS（家庭用エネルギーシステム）時代の到来が期待される．

　一方，太陽光発電モジュールの更新に伴う大量廃棄，屋根下地や躯体劣化による改修などの問題が発生する．また，FIT後の支援策によっては，運営上撤退せざるを得ない施設も予想されることから，再生可能エネルギーが今後も長期にわたっ

表5.2　2030年度電源構成目標と環境省中位・低位予測(参考)

再生可能エネルギー発電設備の種類	2030年度目標		環境省予測中位・(低位)	
	比率(%)	電力量(億kwh)	比率(%)	電力量(億kwh)
太陽光発電	7程度	749	11.0(7.3)	1,173(777)
風力	1.7程度	182	5.1(3.9)	537(410)
地熱	1.0〜1.1程度	102〜113	1.3(1.3)	140(134)
水力	8.8〜9.2程度	939〜981	8.1(7.2)	863(767)
バイオマス	3.7〜4.6程度	394〜490	3.1(2.5)	331(270)
海洋エネルギー	—	—	0.7(0.5)	79(54)
合計	22〜24程度	2,366〜2,515	29.3(22.7)	3,122(2,414)

出典：経済産業省資料より作成

て安定して導入を継続し，施設を維持することは厳しく，さらに国内見学調査から施設を取り巻く日本の厳しい自然環境を改めて痛感した．

しかし，日本は1970年代の石油危機を乗り越えてきている．これらの経験から，道程は険しいが2030年度の再生可能エネルギー比率の見通しは，目標比率22～24％を達成して主力電源の役割を果たすと思われる．

新型コロナウィルスは世界経済の基盤であるエネルギー需要を停滞させたが，一方で有限な地下資源に左右されず，自然の力で無尽蔵に補充できる再生可能エネルギーが改めて再評価されることになるだろう．

日本でも同様に，テレワークが日常化する今後の生活様式の変化に伴うスマートな住環境の実現やポストFITに向けた戦略，電力貯蔵技術の革新が求められる．

このため，2030年目標のエネルギーミックス実現に向けて"再エネ"の最適な導入，"省エネ"の徹底がいっそう重要になる．また，エネルギー安全保障に直結する自給率向上のためにも，主力電源化や地産地消につながる分散電源化に向けて，再生可能エネルギーが着実に普及していくことを期待したい．

参考文献

1) 飛田春雄／再生可能エネルギーの着実な普及に向けて（第10回），建築技術p.174～182,2017年12月
2) https://www.enecho.meti.go.jp/statistics/total_energy/pdf/stte_025.pdf
3) https://www.enecho.meti.go.jp/category/saving_and_new/saiene/kaitori/dl/fit_2017/setsumei_shiryou.pdf
4) https://www.meti.go.jp/shingikai/enecho/denryoku_gas/saisei_kano/pdf/013_01_00.pdf
5) https://www.meti.go.jp/press/2018/03/20190315001/20190315001.html
6) http://www.sangiin.go.jp/japanese/joho1/kousei/gian/197/meisai/m197080197008.htm
7) 環境省／平成26年度2050年再生可能エネルギー等分散型エネルギー普及可能性検証検討委託業務報告書,第4章再生可能エネルギーの導入見込量,p.203

謝辞

　本書を出版するにあたり，多くの関係者の協力を賜わりました．とりわけ，分担執筆いただいた明治大学の川﨑章司先生始め執筆者の方々には，諸事情を抱えながら快く執筆協力くださり，心より感謝申し上げます．また，東京大学生産技術研究所の萩本和彦先生には，2017年㈱建築技術の月刊「建築技術」の連載で執筆いただいたうえ，適宜，助言も賜わりました．

　とくに，再生可能エネルギー施設の国内24施設，モンゴル1施設，計25施設の訪問に際しては，各施設および多くの関係者に協力をいただき，本書の企画の起点にもなり厚く御礼申し上げます．なかでも，石川県工業試験場を始めとし，富山県農林水産部，水土里ネット庄川連合，北陸電気工事㈱高岡支店や，神栖市水産工学研究所，同市の㈱ウィンド・パワー・グループ，福島県の㈱元気アップつちゅ、などに再度訪問調査する機会をいただきました．

　その他，電力会社や風車関連企業にも意見交換の機会をいただきました．国外では，2018年春モンゴル国ダルハン市の太陽光発電所の現地調査を2日間にわたり行なうことができ，現地企業(SOLAR POWER INTERNATIONAL LLC)の社長マンダルバヤル氏，シャープエネルギーソリューション㈱の光岡浩文氏のご厚意に改めて感謝申し上げます．

　個人的にも，金子 智博士よりステンレス鋼に加えて広く意見を賜わり，また，旧友の高岡市在住の六田一也氏より富山県小水力発電施設，日立市在住の水庭秀一氏に茨城県日立市立駒王中学校屋根の太陽光発電施設の見学などに際し協力いただきました．さらには，諸先輩の助言また日本技術士会の各部会が主催するエネルギーに関連する講演会に積極的に出席させていただき，有意義な講演を拝聴することができました．

　最後に，オフィスHANSの辻修二代表には本書の企画段階から出版に至るまで対応いただき，感謝申し上げます．

編者

編者紹介

飛田春雄（とびた・はるお）

　1948年盛岡市生まれ．1971年明治大学工学部機械工学科卒業．同年日本ステンレス㈱（現・日鉄ステンレス㈱）入社．1991年から2019年まで期間は異なるが東京工業専門学校，明治大学理工学部，千葉工業大学工学部の兼任や非常勤講師として機械設計製図教育に携わる．この間，新エネルギー財団「住宅用太陽光エネルギー導入促進基礎調査委員会」委員長，埼玉県中小企業団体中央会「活路開拓ビジョン調査事業」専門委員として太陽光発電の普及活動に取り組む．また，日本建築学会材料施工委員会，防水工事（JASS8；第3,4,5次），屋根工事（JASS12；第2次）の改定作業に従事．

　現在は明治大学理工学部客員研究員として，再生可能エネルギーの各施設調査や技術士活動の一環として金属材料とくにステンレス鋼の性能評価・用途開拓を行なっている．

　著書に「屋根小論」（明現社，1993年），「金属防水屋根の技術と性能」（東洋書店，2006年），「わかりやすい機械要素の設計」（編著）（明現社，2008年），「イントロ製図学」（共著）（オフィスHANS，2012年）など．

再生可能エネルギー概説

初版発行　2020年7月15日

編　者　　飛田春雄
発行者　　辻　修二
発行所　　オフィスHANS
　　　　　〒150-0012　東京都渋谷区広尾2-9-39
　　　　　TEL（03）3400-9611　FAX（03）3400-9610
　　　　　E-Mail　ofc5hans@m09.alpha-net.ne.jp
制　作　　㈱CAVACH（大谷孝久）
印刷所　　シナノ書籍印刷㈱

ISBN978-4-901794-35-0 C3054　2020 Printed in Japan